たのしくできる
C & PIC 実用回路

鈴木美朗志 著

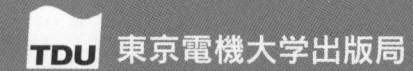

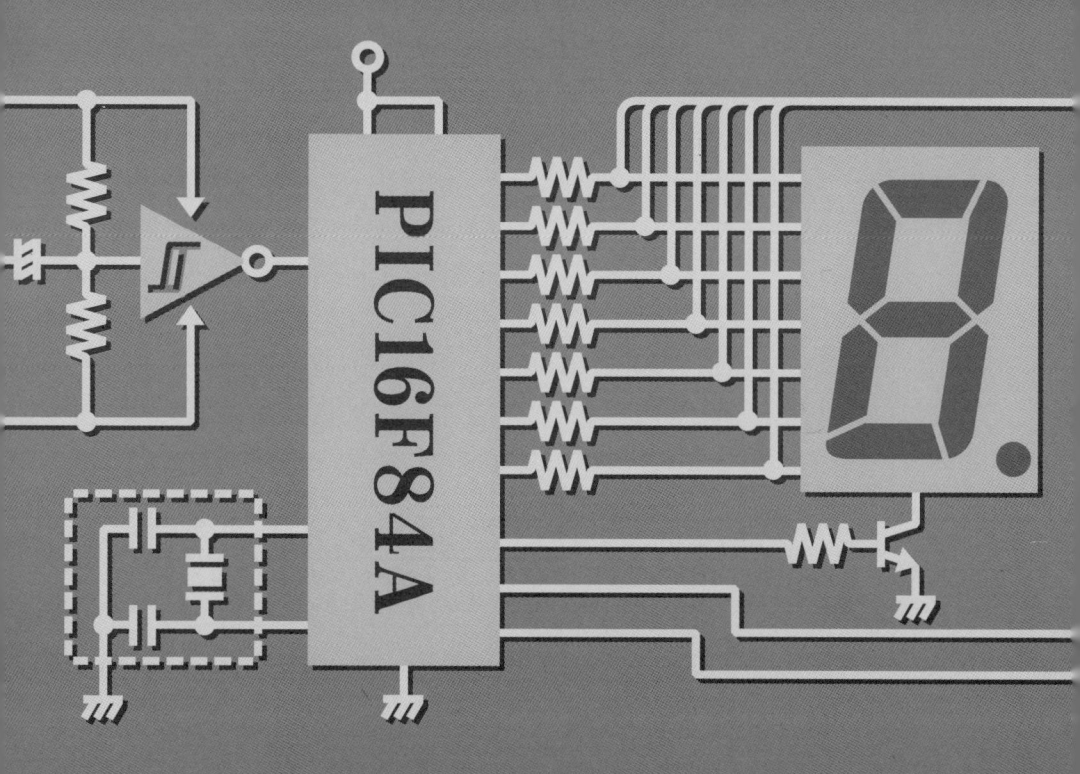

TDU 東京電機大学出版局

PICは，米国およびその他の国におけるMicrochip Technology Inc.の登録商標です。
その他，本書に記載されている製品名は，一般に各社の商標または登録商標です。
なお，本文中にTMマークおよび®マークは明記しておりません。

本書の全部または一部を無断で複写複製（コピー）することは，著作権法上での例外を除き，禁じられています。小局は，著者から複写に係る権利の管理につき委託を受けていますので，本書からの複写を希望される場合は，必ず小局（03-5280-3422）宛にご連絡ください。

まえがき

　東京・秋葉原のラジオデパート内にある1坪ほどの電気専門書店に行くと，PIC（ピック）と呼ばれるワンチップマイコン関連の各種単行本が，一番目だつ所に置かれている．PICの人気の高さをうかがうことができる．

　この米国製のPICマイコンは，1995年頃日本に紹介された．組込みマイコンとして，家電製品から各種の産業機器など小型の制御装置や，全体を制御するのではなく個別機能ごとの制御などに利用され，発展を続けている．

　また，ここ数年の間に，全国の工業高校・専門学校・大学等でも，PICはマイコン制御教育に取り上げられるようになってきた．その理由は，①本書で使用するPIC16F84AやPIC16F873はフラッシュプログラムメモリ搭載なので，何度でも（1 000回程度）プログラムを即時消去し，簡単に書き換えができる，②Z80系，H8などのマイコンと比べ安価で構造がコンパクトであり，リードピッチが2.54mmのDIP（Dual In-line Package）型なので手配線も容易である，などである．

　著者は，前著「たのしくできるC&PIC制御実験」で，C言語による基本的なPIC制御実験について著した．今回，前著を発展させ，C言語によるプログラミングと，利用価値のある実用回路の製作を中心としたPIC制御実験を取り上げることにした．

　本書は，米国CCS社のCコンパイラPCMを使用する．このCコンパイラは，MPLABと統合して使うことができ，豊富な組込み関数と，これらをサポートするプリプロセッサコマンドが用意されている．このため，わかりやすいプログラムをつくることができる．

　C言語によるマイコン制御の特徴は，マイコンの機種依存性が少なく，わずかの手直しで，ほかのマイコンへのソフトの移植が容易になる．また，アセンブリ言語と同じように，ビット処理などの記述が可能で制御用に適している．このよ

うにC言語を使ってのプログラミングは，アセンブリ言語に比べればはるかに生産性が高く，本書で製作する実用回路のプログラミングも容易である。

　ここで，各章の内容を簡単に述べよう。

1章．4接点SSR出力＆7接点入力装置を製作する。この装置は，シーケンス制御の実用回路として利用できる。5つのPIC基本回路を用意し，C言語の基本的なプログラミングについて解説する。

2章．センサ回路を使用した制御実験をする。4接点SSR出力＆7接点入力装置を利用し，センサ回路の仕組みや回路の動作について詳しく述べる。

3章．簡易回転計を製作する。制御回路の仕組みとプログラミングについて解説する。

4章．液晶表示器を使用した周波数カウンタを製作する。液晶表示器の使い方について，プログラムとともに解説する。

5章．ディジタル温度計を2つ製作する。第1の温度計は7セグメントLED表示で，−40℃〜99.9℃まで測定できる。第2の温度計は4行表示の液晶表示器を使用し，−40℃〜102℃まで，現在の温度，その日の最高温度・最低温度を同時に表示できる。

6章．ライントレーサを製作する。光センサ回路の設計と調整が簡単である。

7章．MPLABと統合したCCS社のCコンパイラの使い方を詳しく図解する。

　本書は，各種の制御実験があり，C言語によるプログラミングの基礎から高度な内容まで幅広く取り上げている。また，実用回路の設計や製作を通して，回路の仕組みや回路の動作についても詳しく述べている。このソフトウェア・ハードウェアのどちらもわかりやすく執筆したつもりである。この本が，読者の方々の技術力向上に貢献できれば幸いである。

　最後に，企画・出版に至るまで，終始多大な御尽力をいただいた東京電機大学出版局の編集課長　植村八潮氏，石沢岳彦氏をはじめ，関係各位に心から御礼を申し上げる次第である。

2004年8月

著者しるす

も く じ

1. 4接点SSR出力&7接点入力装置による制御実験 — *1*

- 1．1　PIC16F84A ……………………………………………………………… 1
  - 1.1.1　PICとは ………………………………………………………… 1
  - 1.1.2　PIC16F84Aの外観と各ピンの機能 …………………………… 2
  - 1.1.3　PCI16F84Aの特徴 ……………………………………………… 3
- 1．2　プログラマブルコントローラ …………………………………………… 4
- 1．3　4接点SSR出力&7接点入力回路 ……………………………………… 6
- 1．4　早押しクイズ ……………………………………………………………10
- 1．5　電球の点灯移動回路 ……………………………………………………15
- 1．6　リバーシブルモータの正転・逆転回路 ………………………………20
- 1．7　オールタネイト回路 ……………………………………………………24
- 1．8　入力回数の2進表示 ……………………………………………………26

2. センサ回路を使用した制御実験 — *29*

- 2．1　各種センサ回路 …………………………………………………………29
  - 2.1.1　IC化温度センサ回路 …………………………………………29
  - 2.1.2　CdS光導電セル …………………………………………………32
  - 2.1.3　リードスイッチ …………………………………………………36
  - 2.1.4　音スイッチ回路と単安定マルチバイブレータ ………………39
- 2．2　IC化温度センサとCdSセルを使用した電球の点灯制御 ……………43

2．3　IC化温度センサを使用したON-OFF温度制御 …………46
2．4　自動ドアに見立てたリバーシブルモータの正転・逆転制御…………49
2．5　エスカレータの自動運転に見立てたリバーシブルモータの制御…………54
2．6　CdSセルを使用した節電用電球点灯回路 …………58
2．7　リードスイッチと音センサを使用した防犯装置…………61

3.　簡易回転計 ——————————— *66*

3．1　簡易回転計の概要………………66
3．2　簡易回転計の制御回路………………69
3．3　7セグメント表示器 …………74
3．4　タイマ0の内部構成 …………76
3．5　プログラムの作成 …………78

4.　周波数カウンタ ——————————— *86*

4．1　周波数カウンタ回路………………86
4．2　PIC16F84AとLCDの接続 …………92
4．3　LCDの初期化 …………94
4．4　プログラムの作成 …………97

5.　ディジタル温度計 ——————————— *106*

5．1　PIC16F873 ………………106
5．2　7セグメントLED表示によるディジタル温度計………………109
　　5.2.1　制御回路………………109
　　5.2.2　温度センサ回路の設計と調整………………114
　　5.2.3　プログラムの作成………………115

5.3 LCD表示によるディジタル温度計 ………………………………………124
　　5.3.1 制御回路 ……………………………………………………………124
　　5.3.2 プログラムの作成 …………………………………………………127

6. ライントレーサ ――――――――――――――― *139*

6.1 ライントレーサの概要 ……………………………………………………139
6.2 ライントレーサの制御回路 ………………………………………………141
6.3 プログラムの作成 …………………………………………………………147

7. CCS社-CコンパイラとPICライタ ――――― *153*

7.1 CCS社-Cコンパイラの概要 ………………………………………………153
7.2 MPLABとPCMのインストール …………………………………………154
7.3 projectフォルダの作成 ……………………………………………………155
7.4 MPLABのショートカットアイコンの作成 ……………………………155
7.5 開発モードの設定 …………………………………………………………156
7.6 MPLABとPCMの統合した使い方 ………………………………………157
　　7.6.1 言語ツールの設定 ……………………………………………………157
　　7.6.2 ソースファイルの作成 ………………………………………………158
　　7.6.3 プロジェクトファイルの作成 ………………………………………160
　　7.6.4 コンパイル ……………………………………………………………164
7.7 PICライタによるプログラムの書込み …………………………………166
　　7.7.1 PICライタ ……………………………………………………………166
　　7.7.2 プログラムの書込み …………………………………………………167
　　7.7.3 プログラミング済みPICからのデータリード ……………………170

付録 — *171*

付表1	4接点SSR出力&7接点入力回路	171
付表2	4接点SSR出力&7接点入力回路の代用回路	172
付表3	IC化温度センサ回路	172
付表4	CdSセル回路	172
付表5	リードスイッチとチャタリング除去回路	173
付表6	音スイッチ回路と単安定マルチバイブレータ	173
付表7	簡易回転計	174
付表8	周波数カウンタ	175
付表9	ディジタル温度計	176
付表10	ライントレーサ	177

参 考 文 献 ……………………………………………… 178
索　引 …………………………………………………… 180

1.

4接点SSR出力&7接点入力装置による制御実験

　PIC16F84Aを使用した4接点SSR出力&7接点入力装置を製作する。この装置は，小型のプログラマブルコントローラと同じように，シーケンス制御の実用回路として利用できる。

　PIC16F84Aの魅力は，フラッシュプログラムメモリ搭載なので，何度でも（1 000回程度）プログラムを即時消去し，簡単に書き換えができることにある。本章では，4接点SSR出力&7接点入力装置を利用し，PIC基本回路として5つの回路を取り上げる。

　本書では，PIC用のCコンパイラとして米国CCS社のCコンパイラを使用する。基本回路のプログラミングを例にして，2章以降でもたびたび使用するCCS-C特有のプリプロセッサコマンドやPIC固有の各種関数について解説する。また，一般的なC言語と同じように，if～else文，for文，while文など目的に応じた条件判断やループも使える。これらの仕組みを書式とフローチャートで説明する。

1.1　PIC16F84A

1.1.1　PICとは

　PIC（ピック）とは，Peripheral Interface Controllerの頭文字からなる名称であり，周辺インタフェース・コントローラを意味する。PICは，米国のマイクロチップ・テクノロジー社（Microchip Technology Inc.）により開発されたワ

ンチップマイコンである．

PICシリーズは，次の3つに大きく分類できる．
 (1) 命令長12ビット：アーキテクチャのロー・レンジ
 (2) 命令長14ビット：アーキテクチャのミッド・レンジ
 (3) 命令長16ビット：アーキテクチャのハイエンド

本書で扱うPIC16F84Aは，中位のミッド・レンジシリーズに属し，18ピンフラッシュ/EEPROM 8ビットマイクロコントローラとしてよく使用される．

1.1.2 PIC16F84Aの外観と各ピンの機能

図1.1は，PIC16F84Aの外観であり，図1.2にピン配置を示す．また，表1.1は，PIC16F84Aの各ピンの機能を一覧表にまとめたものである．

図1.1 PIC16F84Aの外観

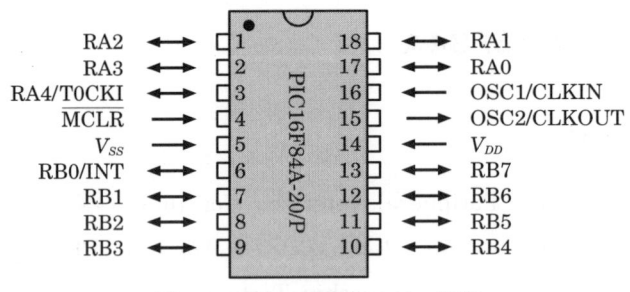

RA2	⟷	□1	18□	⟷	RA1
RA3	⟷	□2	17□	⟷	RA0
RA4/T0CKI	⟷	□3	16□	⟷	OSC1/CLKIN
$\overline{MCLR}$	→	□4	15□	→	OSC2/CLKOUT
V_{SS}	→	□5	14□	⟵	V_{DD}
RB0/INT	⟷	□6	13□	⟷	RB7
RB1	⟷	□7	12□	⟷	RB6
RB2	⟷	□8	11□	⟷	RB5
RB3	⟷	□9	10□	⟷	RB4

図1.2 PIC16F84Aのピン配置

表 1.1　PIC16F84A の各ピンの機能

ピン番号	名　称	機　能
1	RA2	入出力ポート PORTA（ビット 2）
2	RA3	入出力ポート PORTA（ビット 3）
3	RA4/T0CKI	入出力ポート PORTA（ビット 4）/タイマクロック入力
4	$\overline{\text{MCLR}}$	リセット（L レベルでリセット，通常は H レベル）
5	V_{SS}	GND（グランド），接地基準
6	RB0/INT	入出力ポート PORTB（ビット 0）/外部割込みピン
7	RB1	入出力ポート PORTB（ビット 1）
8	RB2	入出力ポート PORTB（ビット 2）
9	RB3	入出力ポート PORTB（ビット 3）
10	RB4	入出力ポート PORTB（ビット 4）
11	RB5	入出力ポート PORTB（ビット 5）
12	RB6	入出力ポート PORTB（ビット 6）
13	RB7	入出力ポート PORTB（ビット 7）
14	V_{DD}	正極電源端子
15	OSC2/CLKOUT	オシレータ端子 2/クロック出力
16	OSC1/CLKIN	オシレータ端子 1/クロック入力
17	RA0	入出力ポート PORTA（ビット 0）
18	RA1	入出力ポート PORTA（ビット 1）

1.1.3　PIC16F84A の特徴

PIC16F84A は，次のような特徴がある。

(1)　フラッシュプログラムメモリ（1k ワード）搭載なので，何度でも（1 000 回程度）プログラムを即時消去し，簡単に書き換えができる。

(2)　PIC は，RISC（Reduced Instruction Set Computer；縮小セット命令コンピュータ）という考え方で設計されている。このため，命令の単純化により 1 命令を 1 マシン・サイクルで高速に処理する。

(3) 命令数は 35 と少なく，すべての命令は 1 ワードである．また，2 サイクルのプログラム分岐命令を除いて，すべて 1 サイクル命令である．

(4) 14 ビット幅の命令，8 ビット幅のデータである．

(5) I/O ピン数は 13 で，ピンごとに入出力設定が可能である．ポート A が 0〜4（RA0〜RA4）の 5 ビット，ポート B が 0〜7（RB0〜RB7）の 8 ビットである．

(6) 動作電圧範囲は，PIC16F84A-20/P では 4.5〜5.5V であり，最大動作周波数は 20MHz である．動作周波数が 10MHz のとき，1 サイクル命令の時間は $0.4\,\mu s$ になる．

(7) 1 ピンごとの最大シンク電流は 25mA，最大ソース電流は 20mA である．RA4 はオープン・ドレインのため，ソース電流はない．

1.2 プログラマブルコントローラ

プログラマブルコントローラは，マイクロコンピュータを利用した，シーケンス制御専用の電子装置である．シーケンス制御とは，あらかじめ定められた順序に従って，制御の各段階を逐次進めていく制御で，生産工場の自動工程のほかにも，エレベータ・自動販売機・全自動洗濯機など各種の機器や家庭電化製品に利用されている．

プログラマブルコントローラの構成と入出力機器の接続を図 1.3 に示す．プログラマブルコントローラ本体は，マイクロコンピュータを用いた演算・制御部，半導体メモリ（ROM，RAM）を用いた記憶部，押しボタンスイッチや各種のセンサなどの入力機器を接続する入力インタフェース，表示灯・ブザー・電磁接触器などの機器を接続する出力インタフェース，および電源などから構成される．プログラミングコンソールは，プログラムの書込みや読出し，プログラマブルコントローラの運転や停止などを行うプログラミング装置である．

図 1.4 は，プログラマブルコントローラ CQM1 のユニットの組合せである．入力ユニット，出力ユニットともに 16 点の接点がある．

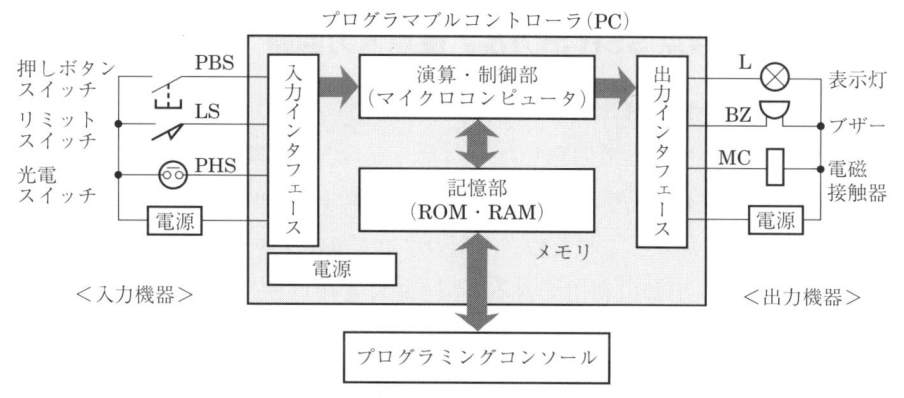

図1.3 PCの構成と入出力機器の接続図

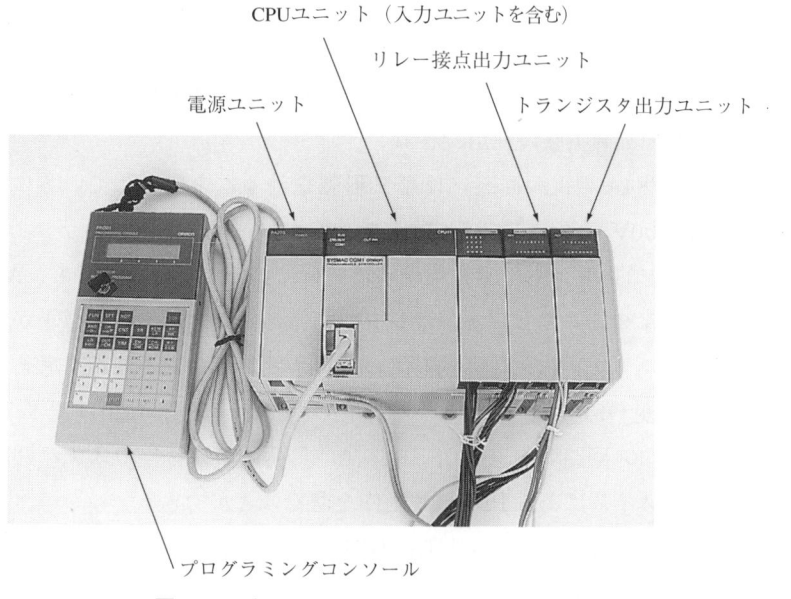

図1.4 プログラマブルコントローラ CQM1

1.2 プログラマブルコントローラ

1.3　4接点SSR出力&7接点入力回路

　図1.5は，4接点SSR出力&7接点入力回路であり，C言語によるプログラミング学習の実験装置として開発したものである。この装置は，PIC16F84Aの入出力回路として，4接点のSSR出力端子と7接点（センサ入力3接点を含む）の入力端子を設けている。このため，小型のプログラマブルコントローラと同じように，シーケンス制御に利用できる。図1.6に4接点SSR出力&7接点入力装置の外観を示す。ここで，4接点SSR出力&7接点入力回路の特徴を述べよう。

回路の特徴

(1)　入出力回路の接点数は少ないが，1.2節で述べたプログラマブルコントローラと同じように，4接点のAC100V, 2A負荷のON-OFF制御ができる。

(2)　4つの押しボタンスイッチ（a接点）と3つのセンサ入力端子があるので，各種の制御実験に利用できる。

(3)　PIC16F84Aの電源回路には単三形乾電池4本を使用しているので，あとはAC100V電源があれば実験ができる。

(4)　AC出力コンセントや出力用端子に負荷を接続していなくても，AC100/110V 25Wのミニクリプトンランプが4つあるので，出力の様子がよくわかる。ミニクリプトンランプの代わりにネオンランプの使用も考えられるが，SSRがOFFでもネオンランプは放電してしまい，使用はできない。

(5)　ゼロクロス回路のSSRとSSRのAC負荷側に外付けのスナバ回路があるので，ノイズによるPICの誤動作を防ぐことができる。

(6)　ゼロプレッシャーソケット（ARIES社製24P）を使用しているので，PICの着脱が容易である。

　なお，図1.5の4接点SSR出力&7接点入力回路を製作するのは少々大変である。この場合，図1.7の代用回路を利用することができる。図のように，出力回路を抵抗と発光ダイオード（LED）の回路にしても，本章および2章のプログラムの動作確認は可能である。

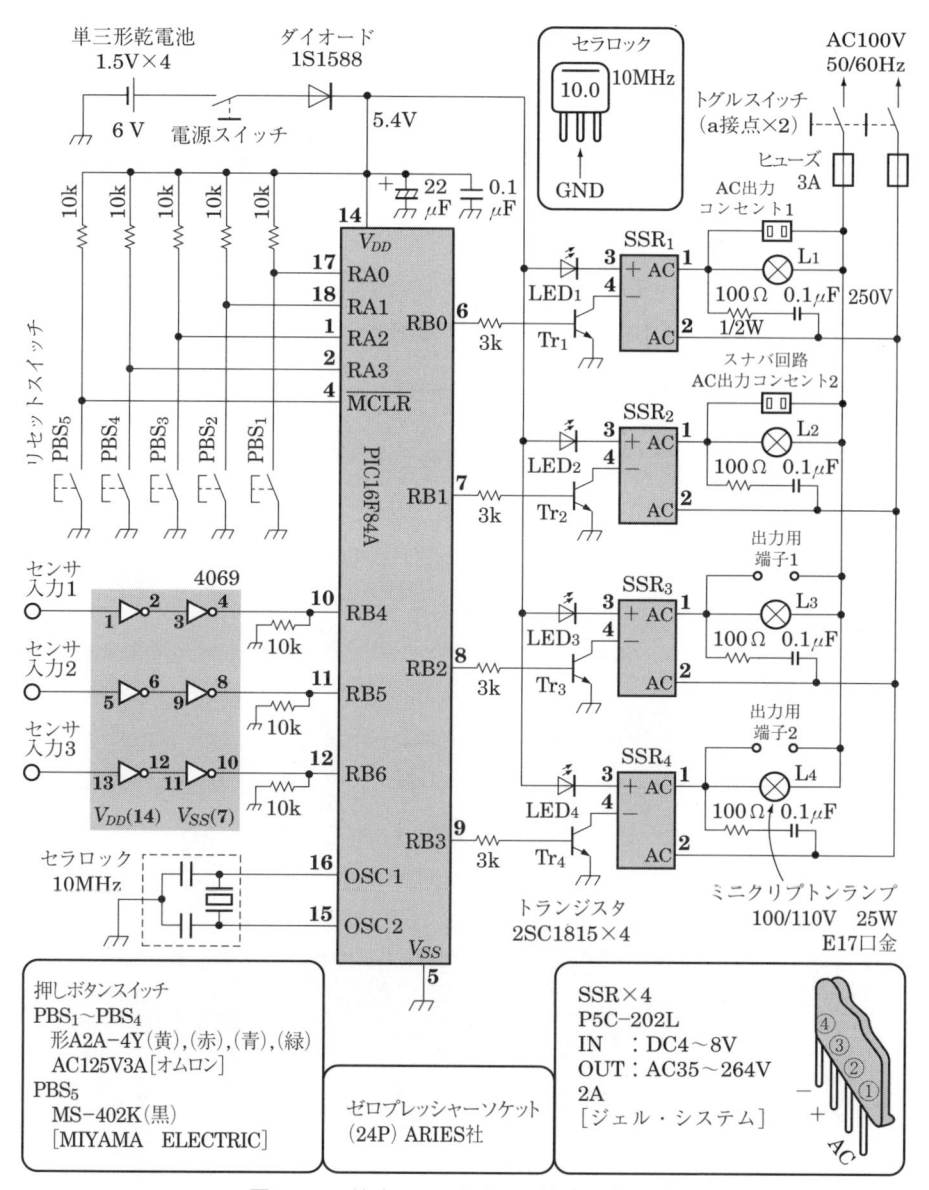

図1.5 4接点SSR出力&7接点入力回路

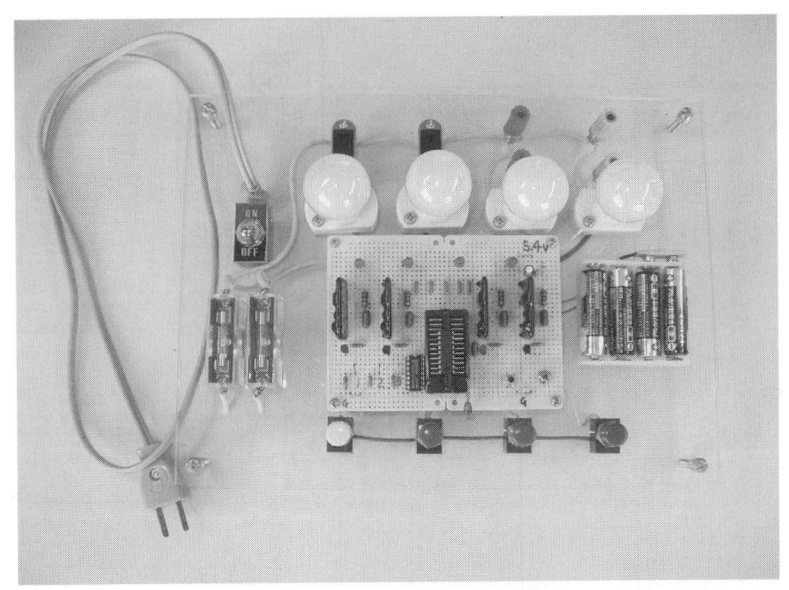

(a) 上面図

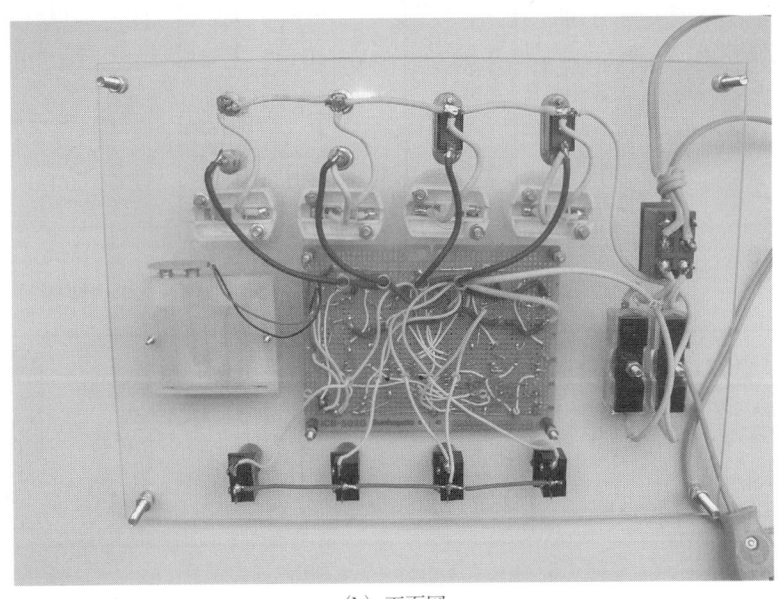

(b) 下面図

図 1.6 4 接点 SSR 出力 & 7 接点入力装置の外観

8　1. 4 接点 SSR 出力 & 7 接点入力装置による制御実験

(a) 代用回路

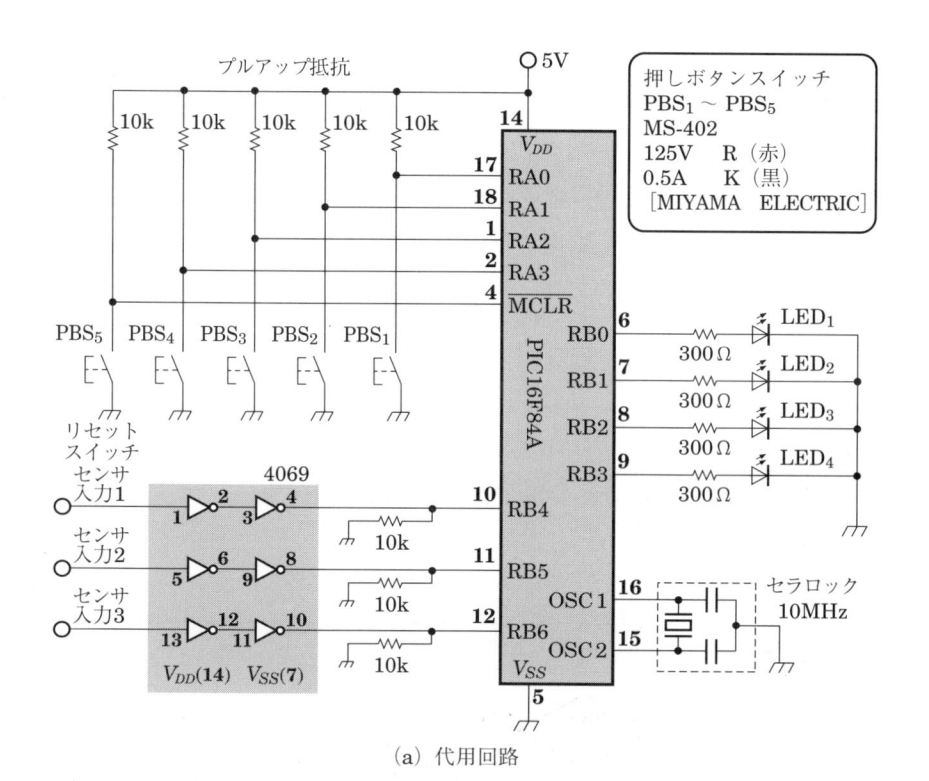

(b) 外観

図 1.7 4 接点 SSR 出力 & 7 接点入力回路の代用回路とその外観

1.3 4 接点 SSR 出力 & 7 接点入力回路

1.4 早押しクイズ

図 1.5 の 4 接点 SSR 出力 & 7 接点入力回路を，4 人用早押しクイズ装置に利用する。4 人の解答者のなかで一番先にボタンを押した人の電球が点灯する。司会者がリセットスイッチ PBS_5 を押すと，電球は消灯する。

図 1.8 は，早押しクイズのフローチャートであり，そのプログラムをプログラム 1.1 に示す。

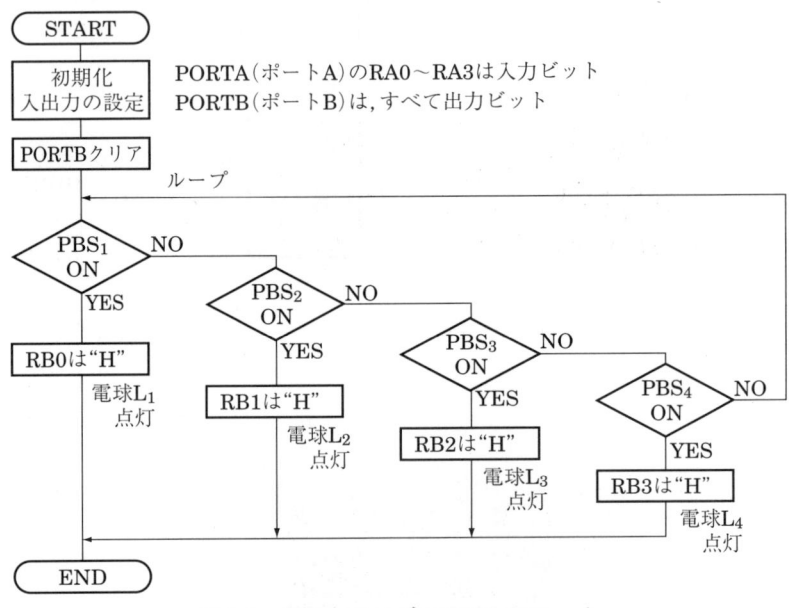

```
START
 │
初期化
入出力の設定     PORTA(ポートA)のRA0～RA3は入力ビット
 │             PORTB(ポートB)は，すべて出力ビット
PORTBクリア
 │ ←─────────────────────────────── ループ
 ▼
PBS₁ ON ──NO──► PBS₂ ON ──NO──► PBS₃ ON ──NO──► PBS₄ ON ──NO──┐
 │YES            │YES            │YES            │YES         │
 ▼               ▼               ▼               ▼            │
RB0は"H"       RB1は"H"        RB2は"H"        RB3は"H"       │
電球L₁点灯      電球L₂点灯       電球L₃点灯       電球L₄点灯      │
 │               │               │               │            │
 ▼               ▼               ▼               ▼            │
END
```

図 1.8 早押しクイズのフローチャート

プログラム 1.1　早押しクイズ

```
#include <16f84a.h>
#fuses HS,NOWDT,PUT,NOPROTECT
#use delay(clock=10000000)
#use fast_io(a)
#use fast_io(b)
main()
{
  set_tris_a(0x0f);          ·················· PORTAのRA0～RA3は入力ビット
  set_tris_b(0);             ·················· PORTBはすべて出力ビット
  output_b(0);               ·················· PORTBをクリア(すべて0)
  while(1)                   ·················· ループ
  {
    if(input(PIN_A0)==0)     ·················· PBS₁ ON
    {
      output_high(PIN_B0);   ·················· RB0は"H"，電球L₁点灯
      break;                 ·················· break文でループを脱出
    }
    else if(input(PIN_A1)==0) ·················· PBS₂ ON
    {
      output_high(PIN_B1);   ·················· RB1は"H"，電球L₂点灯
      break;                 ·················· ループを脱出
    }
    else if(input(PIN_A2)==0) ·················· PBS₃ ON
    {
      output_high(PIN_B2);   ·················· RB2は"H"，電球L₃点灯
      break;                 ·················· ループを脱出
    }
    else if(input(PIN_A3)==0) ·················· PBS₄ ON
    {
      output_high(PIN_B3);   ·················· RB3は"H"，電球L₄点灯
      break;                 ·················· ループを脱出
    }
  }
}
```

●解説

#include <16f84a.h>

　プリプロセッサは，コンパイル中にこの#includeコマンドを見つけると，< >で囲まれているファイル16f84a.hをシステムディレクトリから読み込む。この標準のインクルードファイルは，あらかじめコンパイラをインストールしたときに用意されていて，指定するだけで標準的なラベルを使うことが可能になる（例 PIN_A0，PIN_B1など）。

#fuses HS, NOWDT, PUT, NOPROTECT

　この命令は，プログラムをPICへ書き込むときに，fusesオプションを設定するものである。アセンブラの擬似命令＿＿CONFIGに相当する。

オプション

　　　HS　　　　　：オシレータモードは，発振周波数10MHzを使用するのでHSモード。HS（High Speed）4MHz～20MHz。

　　　NOWDT　　：ウォッチドッグタイマは使用しない。

　　　PUT　　　　：パワーアップタイマ（電源投入直後の72ms間のリセット）を使用する。

　　　NOPROTECT：コードプロテクトしない。

　このfuses情報は，PICライタでPICにプログラムを書き込む際に，別途設定することもできる。

#use delay(clock=10000000)

　コンパイラにPICの動作速度を知らせる。この場合，発振周波数clockは10 MHzである。

#use fast_io(a), #use fast_io(b)

　入出力モード設定プリプロセッサ#use fast_io(port)を使用すると，初期化で指定したset_tris_xの入出力モードに従い，各ピンの入出力をダイレクトに実行する。このため，命令数を少なくでき，高速な動作をする。

　#use fast_io(port)を使用しなければ，入出力モード設定命令は，入出力ピ

ン制御関数を使用するたびに，CCS–C コンパイラによって自動追加される。このため，ノイズ等で各ピンの入出力設定や出力データが反転した場合の誤動作を回避することができる。

　プログラム 1.1 は，入出力ピン制御関数 input(pin) と output_high(pin) を使用しているので，#use fast_io(port) を使用しなければ，set_tris_a(0x0f);と set_tris_b(0);の記述はなくてもよい。

main()
　C 言語は関数によって構成される。一番はじめに実行したい関数は，main という関数名にする。

set_tris_a(0x0f);, set_tris_b(0);
　set_tris_a( )，set_tris_b( ) の組込み関数は，PIC の任意の I/O ピンをピン単位で入力か出力に設定できる。各ビットが各ポートのピンと対応する。ビットの値が 0 のとき出力，1 のとき入力になる。

　　　　set_tris_a(0x0f);　→　1 1 1 1 (0fh)　PORTA の RA0〜RA3 は入力
　　　　　　　　　　　　　　　　RA3 RA2 RA1 RA0　ビット，そのほかは出力ビット
　　　　set_tris_b(0);　→　PORTB はすべて出力ビット

output_b(0);
　入出力ピン制御関数 output_b( ) は，指定ポート PORTB（ポート B）に指定データ（この場合 0）を出力する。すると，PORTB をクリア(すべて 0)する。

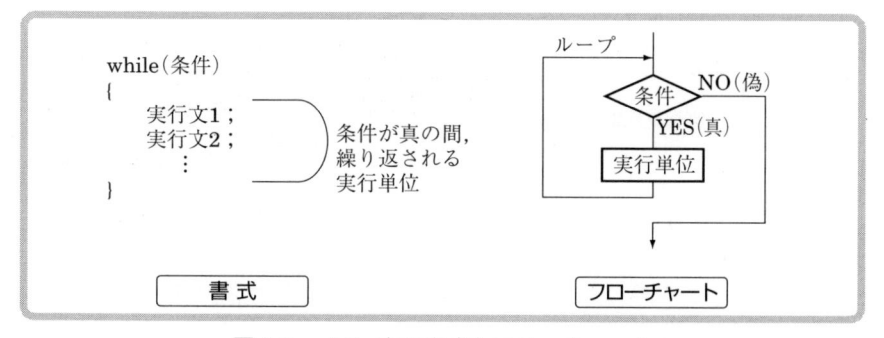

図 1.9　while 文の書式とフローチャート

図1.9は，while文の書式とフローチャートである。（ ）の中の条件は，「真」の場合は"1"，「偽」の場合は"0"なので，「while(1)」とすると，無限ループを形成する。

if(input(PIN_A0)==0)

入出力ピン制御関数input(pin)は，PICの任意のピンからそのピンの状態（"H" or "L"）を入力する。ここでは，PORTA（ポートA）の0番ピン（RA0）の状態0を入力する。

output_high(PIN_B0);

入出力ピン制御関数output_high( )は，指定された出力ピンをHigh出力にする。ここでは，PORTBの0番ピン（RB0）を"H"にする。

else if(input(PIN_A1)==0)

if文は本来2方向分岐をするものだが，else if文によって多方向分岐を行うことができる。

図1.10に，if～else文の書式とフローチャートを示す。

else if (input(PIN_A1)==0) では，図1.10の式2に相当する (input(PIN_A1)==0) が真であるか，偽であるかを判断する。PORTAのRA1が"L"，すなわち"0"になれば真となり，実行単位2を実行する。偽であれば，次のelse

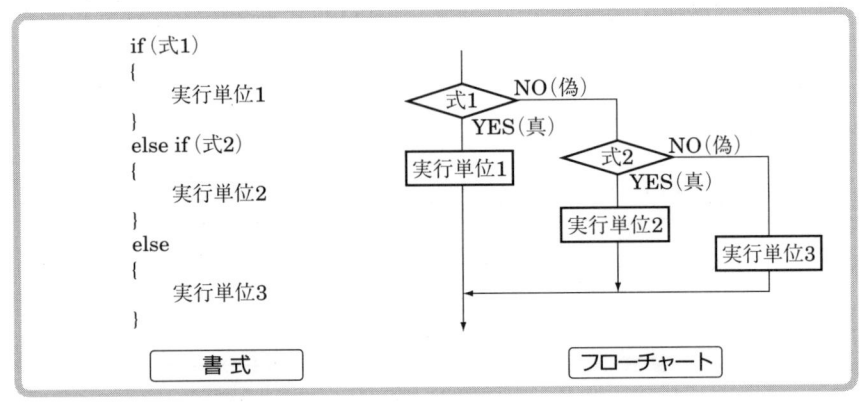

図1.10 if～else文の書式とフローチャート

if 文に分岐する。

　プログラム 1.1 は，while(1) の無限ループの中に if～else 文がある。入出力ピン制御関数 input(pin) により 0 が入力されると，output_high(pin) により各出力ピンを"H"にし，電球は点灯する。すると break 文で無限ループを脱出し，END に至る。

　プログラム 1.1 において，4 つある break 文をすべて取り去ると，押しボタンスイッチによる電球の点灯制御になる。押しボタンスイッチ PBS_1〜PBS_4 を押すたびに，その対応する電球 L_1〜L_4 が点灯する。電球は点灯を続け，リセットスイッチ PBS_5 の ON ですべて消灯する。この回路は，照明器具や単相誘導モータの集中 ON–OFF 制御に利用できる。

1.5　電球の点灯移動回路

　図 1.5 の 4 接点 SSR 出力＆7 接点入力回路を，電球の点灯移動回路にする。押しボタンスイッチ PBS_1 を ON にすると，電球は 0.5 秒間隔で右（L_1〜L_4 の方向）へ点灯移動する。PBS_2 を押すことによって停止する。

　図 1.11 は電球の点灯移動回路のフローチャートであり，そのプログラムをプログラム 1.2 に示す。

```
                    ┌─────────┐
                    │  START  │
                    └────┬────┘
                    ┌────┴────┐
                    │  初期化  │         PORTA(ポートA)のRA0～RA3は入力ビット
                    │入出力の設定│        PORTB(ポートB)はすべて出力ビット
                    └────┬────┘
                    ┌────┴────┐
                    │PORTBクリア│         PORTBをクリア(すべて0)
                    └────┬────┘
 ループ1          ループ2
```

ループ1 ──────────┬────── ループ2

         PBS₁ ON ? NO ──→ PBS₁がONになると次へ行き, OFFであれば
           YES   ループ2をまわる

 ループ3 ──────┐
              │
           k=0   kに0を代入

 ループ4 ──┐
          │
        k<=3 ? NO ──→ k<=3であれば次へ行き, k=4になるとループ3の
          YES   始めに戻る

      s=0x01<<k   0x01をkビットだけ左シフトさせ, その値をsに代入

      port_b=s   sの値をPORTBに出力, LED点灯

      0.5sタイマ   0.5sのタイマ。LEDは0.5s間隔で点灯移動する

      PBS₂ ON ? YES ──→ PBS₂ ONでfor文によるループ4を脱出する
        NO

        k++   kの値を1加算する

  NO ←── PBS₂ ON ?   PBS₂ ONでループ3を脱出する
         YES

      PORTBクリア   PORTBをクリア(すべて0)。ループ1へ戻る

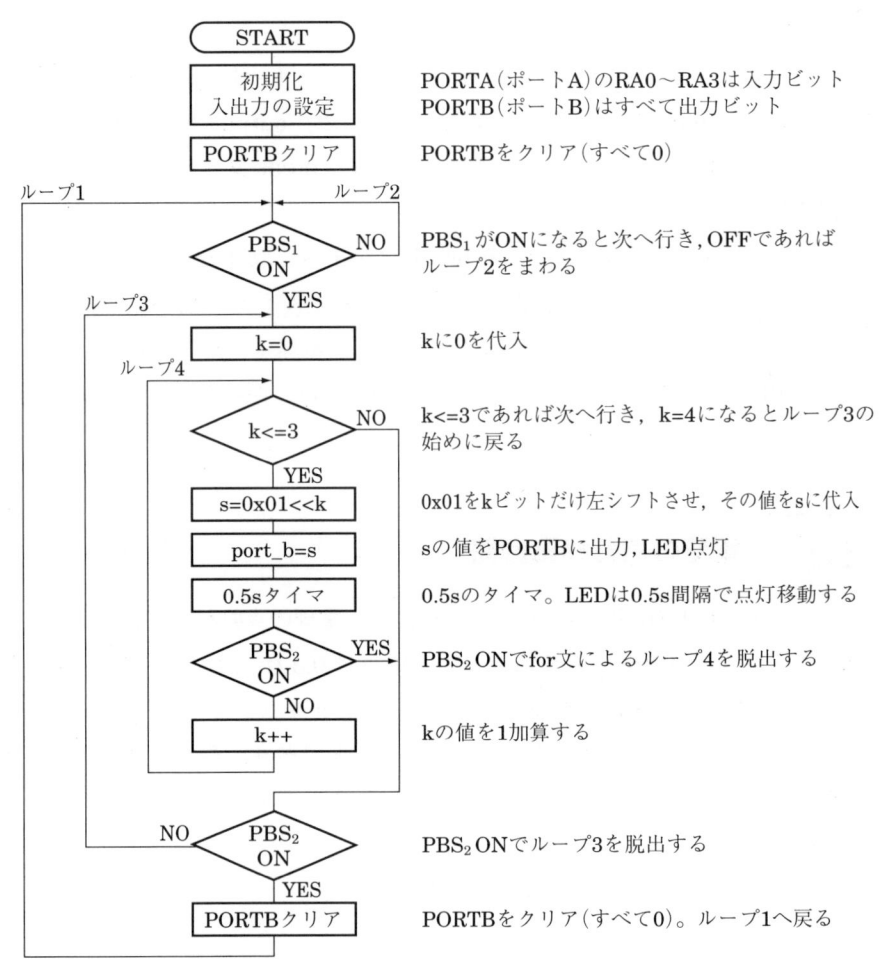

図 1.11 電球の点灯移動回路のフローチャート

プログラム1.2　電球の点灯移動回路

```c
#include <16f84a.h>
#fuses HS,NOWDT,PUT,NOPROTECT
#use delay(clock=10000000)
#byte port_b=6
main()
{
  int k,s;                  ………………………………………………int型変数の定義
  set_tris_a(0x0f);
  set_tris_b(0);
  port_b=0;
  while(1)                  …………………………………………………………ループ1
  {
    while(1)                ………………………………………………………ループ2
    {
      if(input(PIN_A0)==0)  ………………………………………………PBS₁ON
        break;              ………………………………………………ループ2を脱出
    }
    while(1)                ………………………………………………………ループ3
    {
      for(k=0;k<=3;k++)     ………………………………………………………ループ4
      {
        s=0x01<<k;          …………0x01をkだけ左シフトし，その値をsに代入
        port_b=s;           ……………………………………………sをPORTBに出力
        delay_ms(500);      ………………………………………………0.5sタイマ
        if(input(PIN_A1)==0) ……………………………………………PBS₂ON
          break;            ………………………………………………ループ4を脱出
      }
      if(input(PIN_A1)==0)  ……………………………………………PBS₃ON
        break;              ………………………………………………ループ3を脱出
    }
    port_b=0;               ………………………………PORTBをクリア（すべて0）
  }
}
```

1.5 電球の点灯移動回路

● 解説

#byte port_b=6

　ファイルレジスタのファイルアドレス 05h は PORTA，06h は PORTB と決まっているので，対応づけて指定する。アドレスの 6 番地は**変数レジスタ port_b**で表す。変数レジスタ port_a を使用する場合は，#byte port_a=5 と記述する。

int k, s;

　k, s という名前の int 型変数の定義をする。CCS 社-C コンパイラの int は，8 ビット符号なし数値である。16 ビット符号なし数値の場合は，long または，int16 を使う。

port_b=0;

　変数レジスタ port_b に 0 を代入する。これにより PORTB の出力モードになっている入出力ピンは，すべて"L"になる。

　入出力ピン制御関数 output_b( ) を使用して，port_b=0;の代わりに，output_b(0);としてもよい。このように port_b を使用しなければ，前述の #byte port_b=6 の記述は必要としない。

　while(1)
　{
　　　if(input(PIN_A0)==0)
　　　　break;
　}

　while(1) の無限ループの中に if 文がある。input の結果，RA0 が 0(L) になったら，break 文で無限ループを脱出する。この状態は，図 1.5 において，押しボタンスイッチ PBS_1 が ON になったときである。

　図 1.12 は，for 文の書式とフローチャートである。ループに入る前に式 1(k=0) を実行する。式 2（k<=3）が真の間，**実行単位**を繰り返す。そして，ループの最後に式 3（k++）を実行する。

s=0x01<<k;

1. 4 接点 SSR 出力 & 7 接点入力装置による制御実験

```
for(式1；式2；式3)
{
    実行文1；
    実行文2；
    ⋮
}
```
for文の実行単位

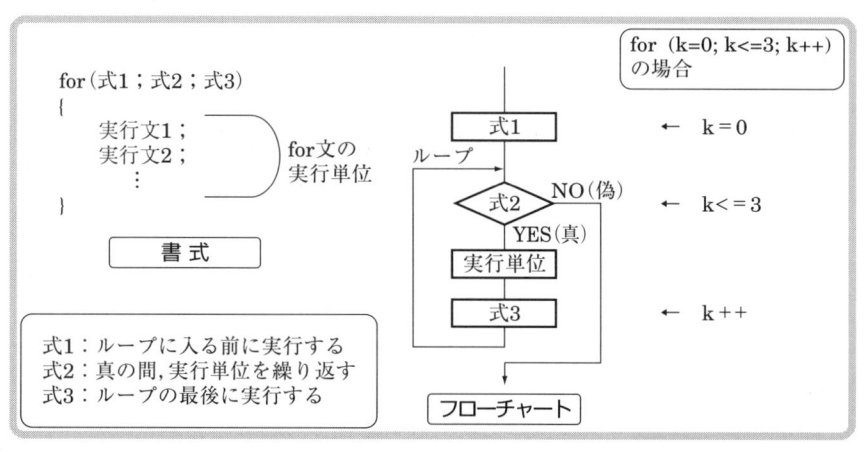

書式

式1：ループに入る前に実行する
式2：真の間，実行単位を繰り返す
式3：ループの最後に実行する

for (k=0; k<=3; k++) の場合

式1 ← k=0
ループ
式2 NO(偽) ← k<=3
YES(真)
実行単位
式3 ← k++

フローチャート

図1.12 for 文の書式とフローチャート

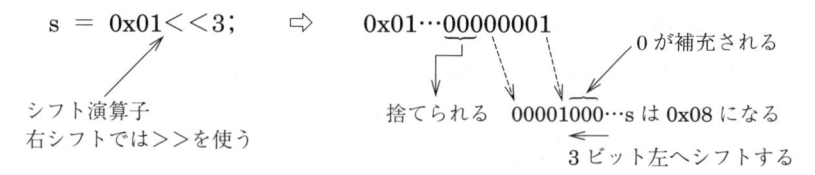

```
s = 0x01<<3;    ⇨    0x01…00000001
```
シフト演算子   0 が補充される
右シフトでは>>を使う   捨てられる   00001000…s は 0x08 になる
                                              3 ビット左へシフトする

0x01 を 3 ビットだけ左にシフトさせ，その結果を s に代入する。s は 0x08 になる。

シフト演算子は，各ビットを左または右にシフトさせる働きがあるが，回転シフトは行われない。したがって，無限ループを形成する while 文の中に for 文が入ってくる。

delay_ms(500);

組込み関数 delay_ms(time) は，ミリ秒単位のディレイを発生させる。設定できる時間は，**引数**が定数であれば 0 から 65 535 までの値である。

delay_ms(500);　　→500ms＝0.5s のディレイをつくる。

if(input(PIN_A1)==0)
　　break;

ループ 4 の for 文とループ 3 の while 文において，input の結果，RA1 が 0(L)

1.5 電球の点灯移動回路

になったら，すなわち PBS$_2$ が ON になると，break 文でこのループを脱出する。

1.6　リバーシブルモータの正転・逆転回路

　図 1.13 は，リバーシブルモータの正転・逆転回路である。リバーシブルモータは**単相誘導モータ**と原理的には同じであるが，ひんぱんな正転・逆転に耐え，右回転・左回転ともにどちらの方向でも同じ特性が得られるように工夫されている。このため，単相誘導モータのように**主巻線，補助巻線**の関係はなく，2 つの**主巻線** L$_1$，L$_2$ をもっている。

　主な用途は，洗濯機の渦流発生用モータや各種自動機器の駆動源などである。
　ここで，リバーシブルモータの正転・逆転回路の動作を見てみよう。

回路の動作

❶ 図 1.13 において，RB2 に正転信号電圧 5V を入力させると，トランジスタ Tr$_3$ にベース電流 I_B が流れ，**電流増幅**された**コレクタ電流** I_C が V_{CC} 5V から SSR$_3$ の＋－間およびコレクタに流れる。I_B+I_C の値はエミッタ電流 I_E となり，トランジスタ Tr$_3$ は ON になる。

❷ すると SSR$_3$ は ON になり，進相用コンデンサ C は主巻線 L$_2$ に接続された状態になる。

❸ このため，主巻線 L$_1$ に流れる電流 i_1 に対し，L$_2$ 側に流れる電流 i_2 は位相が約 90°進む。このように 2 相交流が流れる。

❹ この 2 相交流により**回転磁界**が作られ，モータは正転する。

❺ RB2 に印加した正転信号電圧 5V を OFF にし，RB3 に逆転信号電圧 5V を入力させる。

❻ ❶と同様にトランジスタ Tr$_4$ は ON になり，V_{CC} 5V からコレクタ電流 I_C が SSR$_4$ の＋－間および Tr$_4$ に流れる。

❼ すると SSR$_4$ は ON になり，進相用コンデンサ C は主巻線 L$_1$ に接続された状態になる。

RB2, RB3, Tr$_3$, Tr$_4$, SSR$_3$, SSR$_4$は図1.5に対応している。

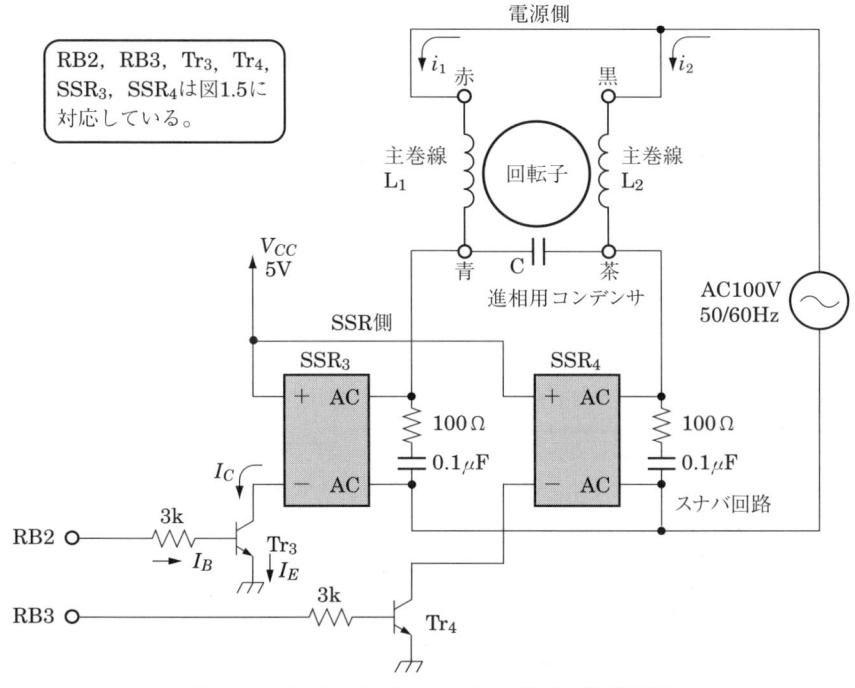

図 1.13 リバーシブルモータの正転・逆転回路

❽ このようになると，今までとは逆に，主巻線 L$_1$ に流れる電流 i_1 のほうが L$_2$ に流れる電流 i_2 よりも約 90°位相が進む。

❾ この2相交流により，逆方向の**回転磁界**が作られ，モータは逆転する。

図 1.14 は，4接点 SSR 出力＆7接点入力装置と単相誘導モータの接続である。ここでは，リバーシブルモータの代用として単相誘導モータを使用している。

図 1.15 は，リバーシブルモータの正転・逆転回路のフローチャートであり，そのプログラムをプログラム 1.3 に示す。

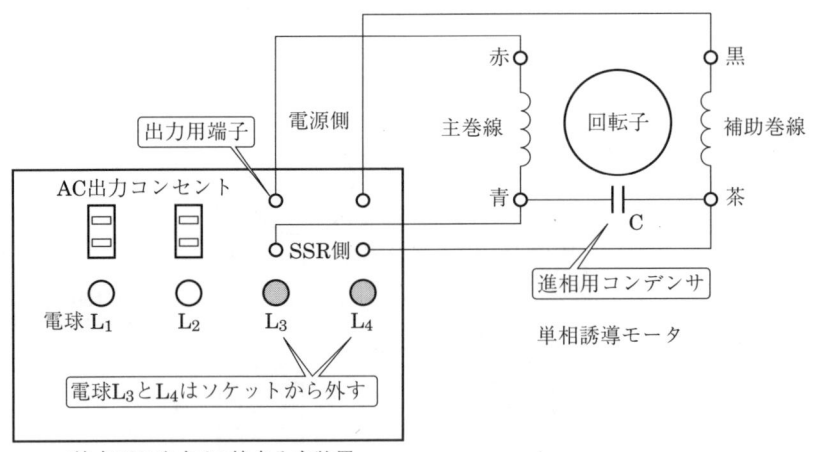

図 1.14　4 接点 SSR 出力＆7 接点入力装置と単相誘導モータの接続

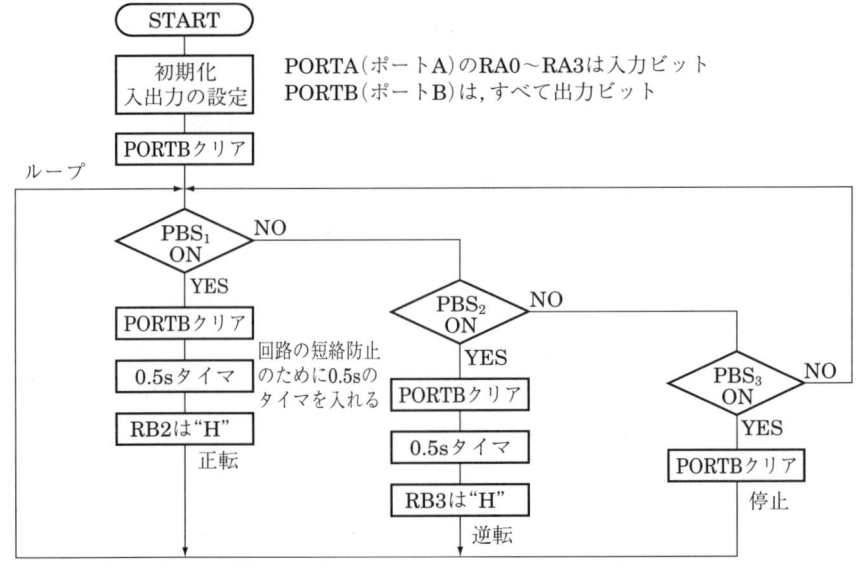

図 1.15　リバーシブルモータの正転・逆転回路のフローチャート

プログラム 1.3　リバーシブルモータの正転・逆転回路

```
#include <16f84a.h>
#fuses HS,NOWDT,PUT,NOPROTECT
#use delay(clock=10000000)
#use fast_io(a)
#use fast_io(b)
main()
{
  set_tris_a(0x0f);
  set_tris_b(0);
  output_b(0);
  while(1)                                          ………………………………ループ
  {
    if(input(PIN_A0)==0)            ………………………………………………PBS₁ ON
    {
      output_b(0);                  ……………………………………PORTB をクリア
      delay_ms(500);                ………………………………………………0.5s タイマ
      output_high(PIN_B2);          ………………………RB2 は "H"，モータ正転
    }
    else if(input(PIN_A1)==0)       ………………………………………………PBS₂ ON
    {
      output_b(0);                  ……………………………………PORTB をクリア
      delay_ms(500);                ………………………………………………0.5s タイマ
      output_high(PIN_B3);          ………………………RB3 は "H"，モータ逆転
    }
    else if(input(PIN_A2)==0)       ………………………………………………PBS₃ ON
      output_b(0);                  ………………………PORTB をクリア，モータ停止
  }
}
```

1.7 オールタネイト回路

図 1.5 の 4 接点 SSR 出力＆7 接点入力回路を使用して，オールタネイト回路の実験をする。

オールタネイト回路は，入力信号の ON–OFF を繰り返すことにより，出力の状態が交互に反転する回路である。オールタネイト回路のタイムチャートを図 1.16 に示す。

図 1.16 において，押しボタンスイッチ PBS_1 の ON–OFF により，電球 $L_1 \sim L_4$ が ON になり，次の PBS_1 の ON–OFF により $L_1 \sim L_4$ は OFF になる。ただし，PBS_1 は，ON になるとすぐ OFF に戻るものとする。

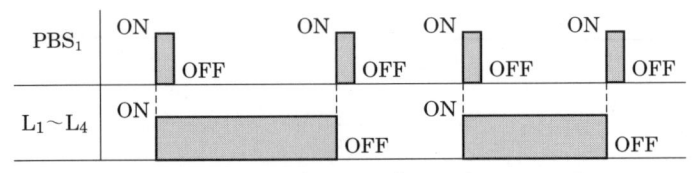

図 1.16 オールタネイト回路のタイムチャート

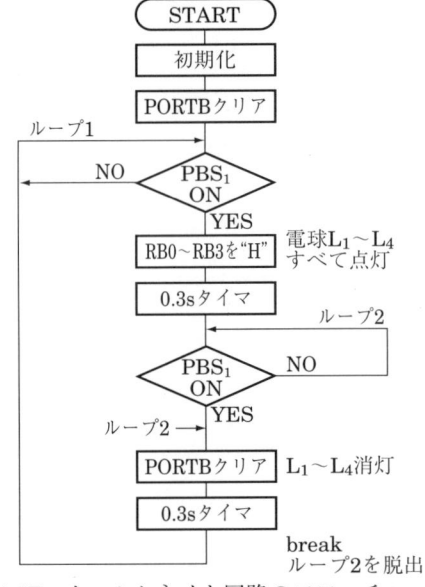

図 1.17 オールタネイト回路のフローチャート

図 1.17 は，図 1.5 の 4 接点 SSR 出力 & 7 接点入力回路を使用したオールタネイト回路のフローチャートであり，そのプログラムをプログラム 1.4 に示す．

プログラム 1.4　オールタネイト回路

```
#include <16f84a.h>
#fuses HS,NOWDT,PUT,NOPROTECT
#use delay(clock=10000000)
main()
{
  output_b(0);                ……………………………………………PORTB をクリア
  while(1)                    ……………………………………………………ループ 1
  {
    if(input(PIN_A0)==0)      ……………………………………………PBS₁ ON
    {
      output_b(0x0f);         ………………………………………電球 L₁～L₄ 点灯
      delay_ms(300);          ………………………………………………0.3s タイマ
      while(1)                ……………………………………………………ループ 2
      {
        if(input(PIN_A0)==0)  ……………………………………………PBS₁ ON
        {
          output_b(0);        …………………………………………… L₁～L₄ 消灯
          delay_ms(300);      ………………………………………………0.3s タイマ
          break;              ……………………………………………ループ 2 を脱出
        }
      }
    }
  }
}
```

1.8 入力回数の2進表示

図1.5の4接点SSR出力&7接点入力回路を使用して，押しボタンスイッチのON-OFFによる入力回数を4つの電球で2進表示させる。

図1.18は入力回数の2進表示のフローチャートであり，そのプログラムをプログラム1.5に示す。

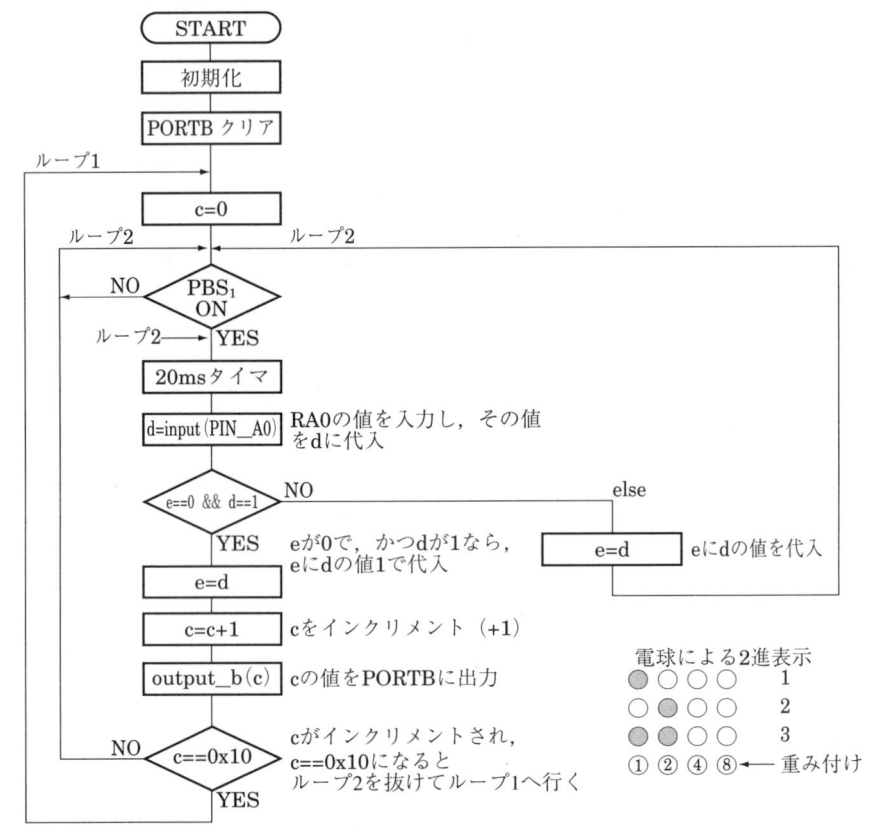

```
        START
         │
       初期化
         │
      PORTBクリア
         │
ループ1   │
 ←───────┤
         │
        c=0
         │
ループ2   │         ループ2
 ←───────┤    ┌─────────→
         │    │
     ┌───┴───┐
  NO │ PBS₁  │
 ←───┤  ON   │
     └───┬───┘
ループ2──→ YES
         │
     20msタイマ
         │
   d=input(PIN_A0)    RA0の値を入力し，その値
         │             をdに代入
     ┌───┴───┐
     │e==0&& │  NO              else
     │ d==1  ├──────────────┐
     └───┬───┘              │
        YES          ┌──────┴──┐
         │           │  e=d    │  eにdの値を代入
        e=d          └─────────┘
         │
        c=c+1        cをインクリメント（+1）
         │
     output_b(c)     cの値をPORTBに出力
         │
     ┌───┴───┐       cがインクリメントされ，
  NO │c==0x10│       c==0x10になると
 ←───┤       │       ループ2を抜けてループ1へ行く
     └───┬───┘
        YES
```

電球による2進表示
●○○○　1
○●○○　2
●●○○　3
① ② ④ ⑧ ←重み付け

図1.18　入力回数の2進表示のフローチャート

プログラム1.5　入力回数の2進表示

```
#include <16f84a.h>
#fuses HS,NOWDT,PUT,NOPROTECT
#use delay(clock=10000000)
int c,d,e;
main()
{
  output_b(0);
  while(1)                ……………………………………………ループ1
  {
    c=0;                  ……………………………………………cをクリア
    while(1)              ……………………………………………ループ2
    {
      if(input(PIN_A0)==0)  ………………………………………PBS₁ON
      {
        delay_ms(20);     ……………………………………………20msタイマ
        d=input(PIN_A0);  ……………………………………RA0の状態(1 or 0)を入力し、
        if(e==0 && d==1)  ………                     その値をdに代入
        {                                もし、eが0でかつdが1なら次へ行く
          e=d;
          c=c+1;          …………cのインクリメント
          output_b(c);    ……………………………
          if(c==0x10)     ……c==0x10になると
            break;        …break文でループ2を脱出
        }
        else
          e=d;
      }
    }
  }
}
```

L₁ L₂ L₃ L₄
1　● ○ ○ ○
2　○ ● ○ ○
3　● ● ○ ○
4　○ ○ ● ○　｝2進表示
5　● ○ ● ○
⋮　⋮ ⋮ ⋮ ⋮
15　● ● ● ●
↑　① ② ④ ⑧　←重み付け
10進数

●解説

d=input(PIN_A0);

PORTAの0番ピン（RA0）の状態（"H" or "L"）を入力し，その値を変数dに代入する。押しボタンスイッチPBS₁のONでRA0は"0"になり，OFFではプルアップ抵抗によって"1"のままである。

if(e==0 && d==1)
　　　　　　　　　&&：論理演算子の論理積（かつ）。ここでは，eが0でかつdが1ならという条件になる
{
　　e=d;　　　--------eにdの値1を代入
　　c=c+1;　　--------cに1を加算し，その結果をcに代入（インクリメント）
　　　　　　　　　　　Ⓐでカウントする
　　　　　　　　　　　今回のチェック結果 d==1
　　　　　　　　　　　前回のチェック結果 e==0
　　output_b(c);　--------PORTBにCの値を出力する
　　if(c==0x10) 　}---インクリメントの結果，c==0x10ならbreak文でループを脱出

　　　break;
}
else
　　e=d;　　　}------さもなくばd==0なのでeにdの値0を代入

2. センサ回路を使用した制御実験

　簡単なセンサ回路（IC化温度センサ・CdSセル・リードスイッチ・音スイッチ）を紹介し，センサ回路を使用した制御実験をする。実験装置は4接点SSR出力＆7接点入力装置を再び使用する。

　本章で扱うセンサは，温度センサ・光センサ・磁気センサ・音センサに分類される。センサで検出・変換された情報やエネルギーは，一般に微小なアナログ電気信号であり，増幅回路で増幅したり，あるいは波形を加工したりする必要がある。これには通常，オペアンプやゲートICを使用する。このようにして，センサとオペアンプ回路やゲートIC回路が主にセンサ回路を構成する。

　本章では，各センサ素子の原理や構造を説明し，センサ回路の仕組みや動作原理について，実験結果をもとに詳しく解説をする。ここで取り上げる6つの制御実験は，C言語のプログラミングを学ぶ基礎実験である。しかし，4接点SSR出力＆7接点入力装置とセンサ回路を必要な箇所だけ組み合わせることにより，C言語による実用回路として利用できる。

2.1　各種センサ回路

2.1.1　IC化温度センサ回路

　図2.1は，IC化温度センサ（C–MOS温度センサ）S-8100Bの外観と特性である。外観はトランジスタのような3端子で，1つのチップ内に温度センサ，定電流回路，オペアンプが集積されている。

```
         4.0
  2.0 ┌──────┐
      │      │
S-8100B│      │
      │      │ 2.5
      └┬─┬─┬─┘
       │ │ │
3:V_out 2:V_SS(G) 1:V_DD
```

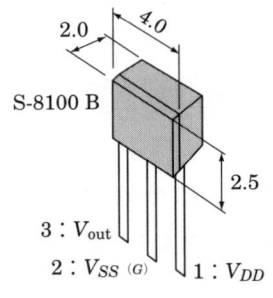

入力電圧 V_{DD}=5.0 V（最大6.0V）

V_{out} $\begin{cases} T_a=-20℃:1.908\text{ V} \\ T_a=+30℃:1.508\text{ V} \\ T_a=+80℃:1.095\text{ V} \end{cases}$

リニア出力電圧：-8.0 mV/K（-8.0mV/℃）
リニアリティ：$-20℃\sim+80℃$（Max±1.0%）
動作温度範囲：$-40℃\sim+100℃$（最大）
[セイコー電子工業]

図2.1　C-MOS 温度センサ S-8100B の外観と特性

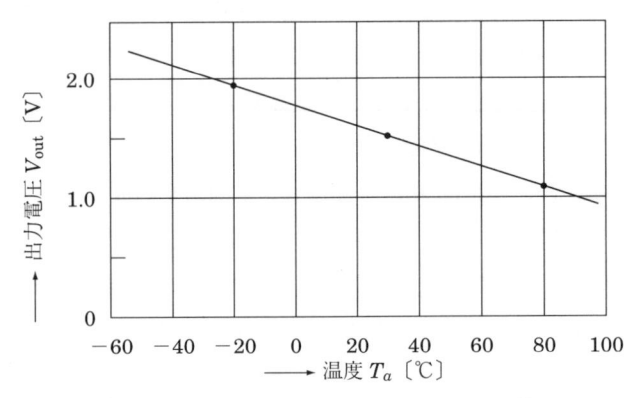

図2.2　S-8100B の温度 T_a-出力電圧 V_{out} 特性

　S-8100B は，-8.0mV/K の**温度係数**をもつ出力電圧が得られる高精度の IC 化温度センサである。図2.2でわかるように，温度 T_a-出力電圧 V_{out} 特性は負の直線になる。

　IC 化温度センサは，シリコントランジスタのベース-エミッタ間の電圧 V_{BE} が，温度変化に対してほぼ直線的に変化する現象を応用したものである。このため，互換性，リニアリティ（直線性）に優れているので，センサ回路の設計が容易になる。

　図2.3は，IC 化温度センサ回路である。**コンパレータ（比較器）**は，オペアンプの2つの入力電圧を比較し，**反転入力端子**（-in）の電圧より**非反転入力端**

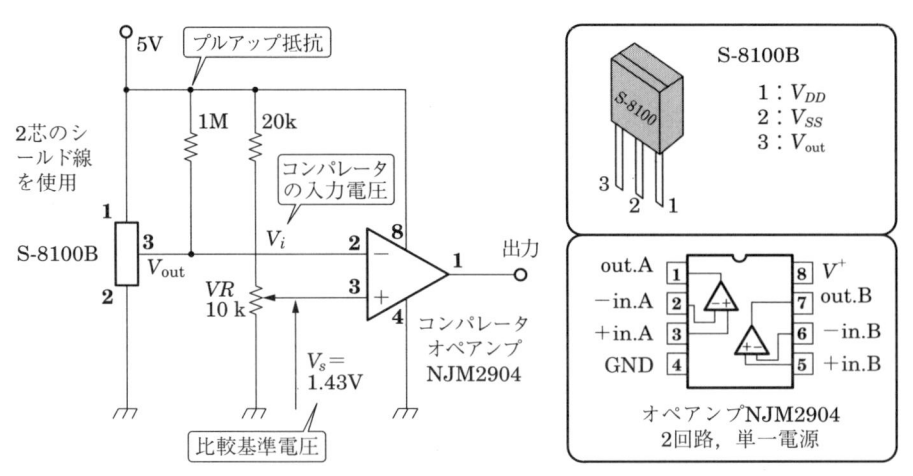

図 2.3 IC 化温度センサ回路

図 2.4 IC 化温度センサ回路の外観

子（+in）の電圧が高ければ出力 ON，逆であれば OFF にする回路である。

プルアップ抵抗 1MΩ は，S-8100B の出力電圧の低下を防ぐために入れてある。図 2.4 に IC 化温度センサ回路の外観を示す。

ここで，IC 化温度センサ回路の動作を見てみよう。

回路の動作

❶ 例えば，温度センサ S–8100B の温度を 40℃ に設定する．図 2.2 の特性から，40℃ で S–8100B の出力電圧 V_{out} は約 1.43V であるので，10kΩ のボリューム VR を調整し，コンパレータの**比較基準電圧** V_s を 1.43V にする．

❷ このとき，温度センサの温度が 40℃ 以下であれば，温度センサの出力電圧 V_{out} は 1.43V 以上になっている．この V_{out} がコンパレータの入力電圧 V_i になる．

❸ コンパレータは，$V_i>V_s$ のとき，その出力電圧は低く，$V_i<V_s$ になると出力電圧は高くなろうとする．

❹ このため，温度センサの温度が設定温度 40℃ より低いときは，コンパレータの出力電圧は 0 で，温度センサの温度が 40℃ を超えるとコンパレータの出力電圧は "H" の状態になり，約 3.8V になる．

❺ この出力電圧 0V("L") と 3.8V("H") を PIC 回路のセンサ入力にする．

2.1.2 CdS 光導電セル

光導電効果

CdS 光導電セルは，光導電効果を利用した**半導体光センサ**であり，図 2.5 は，光導電効果を説明するものである．図(a)は CdS 光導電セル（以下 CdS セルと呼ぶ）の原理図で，電極 A，B 間に N 型半導体の CdS 光導電体が挟まれている．ところで，CdS セルは硫化カドミウムを主成分とした**光導電セル**の総称で，このほかに CdSe，CdS・Se などもある．

この CdS 光導電体に光が照射されると，図(b)に示すように，光エネルギーによって**ドナー準位**または**価電子帯**の電子が**伝導帯**に励起される．すると，伝導帯には**多数キャリア**の**自由電子**ができ，価電子帯の電子のぬけたあとが**少数キャリアの正孔**になる．

このように光導電効果とは，**光導電体（半導体）**に光が照射されると素子内に

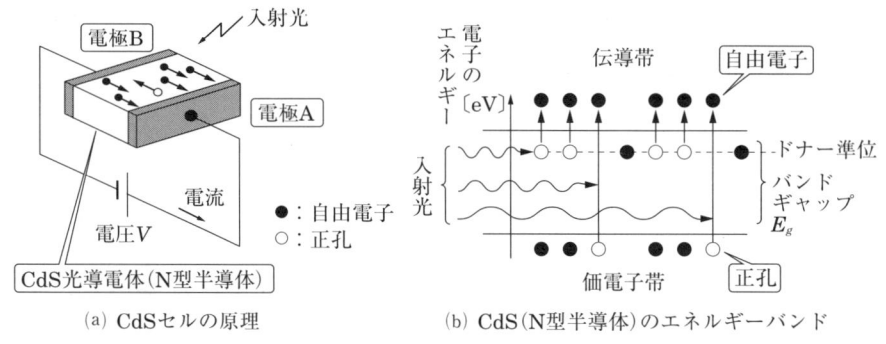

図 2.5 光導電効果

(a) CdSセルの原理
(b) CdS(N型半導体)のエネルギーバンド

キャリアが発生し，導電性が高まる現象である．

図(a)のように，電極A，B間に電圧 V を印加し，CdSセルを暗黒中に放置すると，わずかな電流（暗電流）しか流れない．したがって，素子は高抵抗になる．そこで，CdSセルに光を照射すると，光導電効果によって**キャリア**が発生する．すると，印加電圧 V によって，多数キャリアの自由電子は電極Aの方向へ，少数キャリアの正孔は電極Bの方向へ移動し，電流は増大する．このキャリアの中には熱励起などによるものも含まれる．このようにして，素子の抵抗は小さくなる．

CdSセルは，光エネルギーの大小に応じて内部抵抗が変化する一種の光可変抵抗器の働きがある．例えば，直射日光を照射すると 100Ω 以下になり，暗黒にすると $10M\Omega$ 以上にもなる．

CdS セルの構造

図2.6は，CdSセルの電極パターンの考え方を示している．図(a)は原理図であり，電極A，Bは向き合っていて，電極の幅を d，電極間の長さを l とする．この電極A，Bを同じ面上に配置したのが図(b)である．

CdSセルの感度を高めるには，必要な受光面を保ちながら，d を大きく，l を小さくするとよい．このためには図(c)のように，電極をくし歯状にし，互いに

かみ合った形状にするとよい。

図 2.7 に CdS セルの構造の一例と図記号を示す。

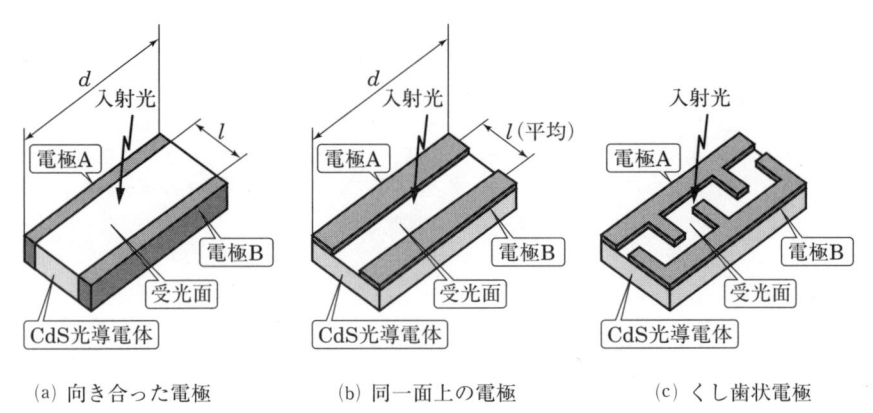

(a) 向き合った電極　　(b) 同一面上の電極　　(c) くし歯状電極

図 2.6　CdS セルの電極パターン

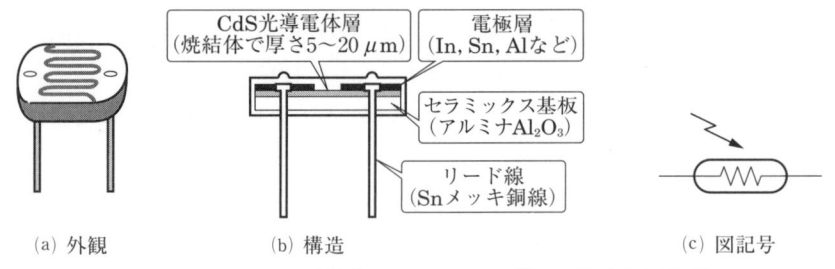

(a) 外観　　(b) 構造　　(c) 図記号

図 2.7　CdS セル（樹脂コーティング型）の構造と図記号

CdS セル回路

図 2.8 は CdS セル回路であり，その外観を図 2.9 に示す。CdS セルは樹脂コーティング型のものを使用しているが，身近にある他の CdS セルで代用できる。

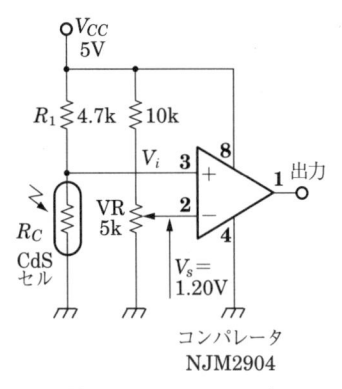

図 2.8　CdS セル回路

図 2.9　CdS セル回路の外観

実測値をもとに，CdS セル回路の動作原理を見てみよう．

回路の動作

❶ ボリューム VR を調整することによって，コンパレータの比較基準電圧 V_s を 1.20V にする．

❷ CdS セルの受光面が暗くなると**光導電効果**は小さくなり，CdS セルの抵抗 R_C は高くなる．

❸ すると，CdS セルの抵抗 R_C と 4.7kΩ の直列抵抗 R_1 によって $V_{CC}=5$V を分圧し，CdS セルの両端の電圧，すなわち，コンパレータの入力電圧 V_i は 1.20V を超える．

2.1 各種センサ回路　35

❹ コンパレータの入力電圧は $V_i > V_s$ となるので，コンパレータの出力電圧は 0V から**飽和出力電圧** $V_{OH} ≒ 3.8V$ に反転する。

❺ 次に，CdS セルの受光面が明るくなると光導電効果が大きくなり，CdS セルの抵抗 R_C は小さくなる。

❻ R_C と R_1 による V_{CC} の分圧により，$V_i < V_s$ になると，コンパレータの出力電圧は $V_{OH} ≒ 3.8V$ から 0V に反転する。

❼ ここで，$V_i = 1.20V$ のときの CdS セルの抵抗 R_C を，分圧の計算から求めてみよう。ただし，オペアンプ回路の入力電流は無視する。

$$V_i = \frac{R_C}{R_1 + R_C} V_{CC}$$

$$R_C V_{CC} = R_1 V_i + R_C V_i$$

$$R_C V_{CC} - R_C V_i = R_1 V_i$$

$$R_C (V_{CC} - V_i) = R_1 V_i$$

$$R_C = \frac{R_1 V_i}{V_{CC} - V_i} = \frac{4.7 \times 10^3 \times 1.2}{5 - 1.2} = 1\,484\,\Omega ≒ 1.48\,k\Omega$$

2.1.3 リードスイッチ

リードスイッチの原理

リードスイッチは，**磁性体**で構成された 1 対のリード片が不活性ガス入りのガラス管の中に密閉され，磁石を接点部に近づけたり遠ざけたりすることによって，ON–OFF できる機械的スイッチである。

図 2.10 に，ノーマルオープン型のリードスイッチの構造例を示す。図のように，リードスイッチに永久磁石を近づけてみる。すると，永久磁石からの磁束がリード片を通り，**磁気誘導現象**によって，上側の接点には N 極，下側の接点には S 極が誘導される。よって，磁石の性質から N 極と S 極は吸引し，接点は閉じる。

永久磁石が遠ざかると，誘導された磁極は消失するので，リード片は板ばねの働きにより，接点を開く。

図 2.10　リードスイッチの構造

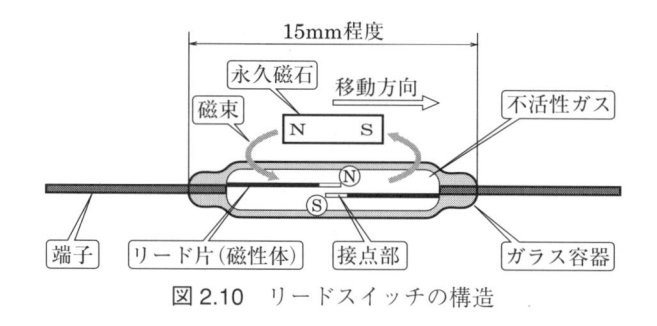

リードスイッチとチャタリング除去回路

　リードスイッチを磁石によって ON–OFF させると，短時間(0〜20ms 程度)，接点の接触状態が不安定になり，接点がついたり離れたりする。このばたつきのことを**チャタリング**といい，**チャタリング除去回路**が必要となる。

　図 2.11 は，リードスイッチとチャタリング除去回路である。図において，チャタリング除去回路は，**積分回路**と**シュミットトリガ回路**によって構成される。

　図 2.11 と図 2.12 のチャタリング除去回路の波形によって，チャタリング除去回路の動作を見てみよう。

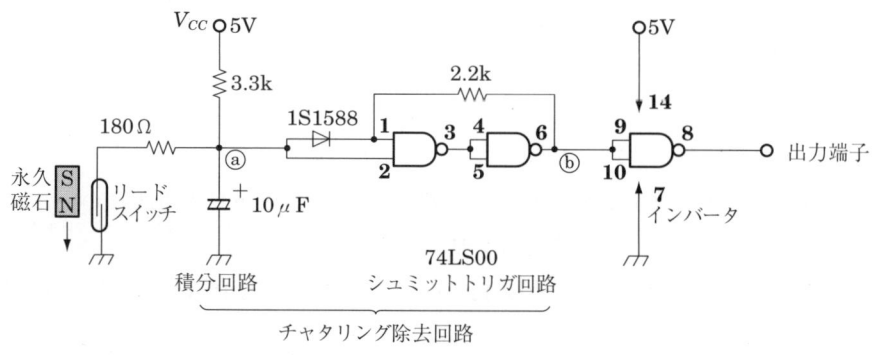

図 2.11　リードスイッチとチャタリング除去回路

2.1　各種センサ回路　37

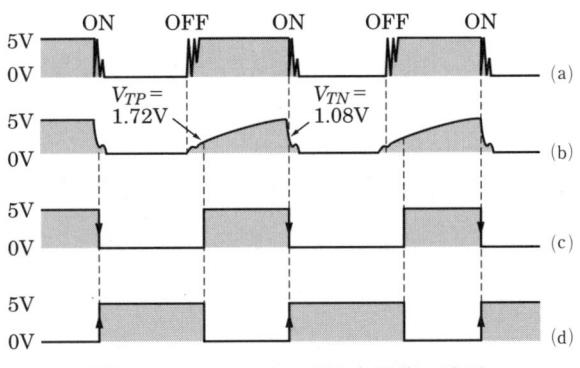

```
              ON     OFF    ON    OFF    ON
         5V  ┌──┐    ┌──┐   ┌──┐  ┌──┐  ┌──┐
         0V ─┘  └────┘  └───┘  └──┘  └──┘  └─  (a)
                     V_TP =       V_TN =
         5V          1.72V        1.08V
         0V                                    (b)

         5V          ┌──────┐    ┌──────┐
         0V ─────────┘      └────┘      └───   (c)

         5V  ┌───────┐      ┌────┐      ┌──
         0V ─┘       └──────┘    └──────┘      (d)
```

図 2.12　チャタリング除去回路の波形

回路の動作

❶ いま，積分回路を構成するコンデンサがなければ，入力のリードスイッチが ON–OFF した場合，図 2.11 の ⓐ 点の波形は，図 2.12(a) のチャタリングを含んだ波形なる。

❷ しかし，積分回路によってチャタリングは平滑化され，ⓐ 点の波形は図 2.12(b) の積分波形になる。

❸ すると，シュミットトリガ回路の働きにより，図 2.11 の ⓑ 点の波形は，図 2.12(c) のような**波形整形**された**方形波**になる。

❹ シュミットトリガ回路は，その入力電圧 V_{in}（図 2.12(b)）が増加して，V_{TP} で "L" → "H" に反転し，V_{in} が減少するときは，V_{TN} で "H"→"L" に反転する（図 2.12(c)）。

❺ このときの V_{TP} を**正のトリガ電圧**，V_{TN} を**負のトリガ電圧**といい，V_{TP} と V_{TN} の差の電圧を**ヒステリシス電圧** V_H という。

❻ 回路の出力電圧は，図 2.11 の ⓑ 点の波形（図 2.12(c)）をインバータで**位相反転**するので，図 2.12(d)のようになる。

図 2.13 に，リードスイッチとチャタリング除去回路の外観を示す。

図 2.13　リードスイッチとチャタリング除去回路の外観

2.1.4　音スイッチ回路と単安定マルチバイブレータ

音スイッチ回路

　図 2.14 は，音センサとしてコンデンサマイクを使った**音スイッチ回路**である。マイクに入った音は，多くの周波数成分を含んだ交流電圧に変換され，オペアンプで増幅される。

　このオペアンプ回路は，単一電源による**非反転増幅回路**であり，入力端子である＋in のバイアス電圧が 0 であるため，出力波形は，図 2.15 のように負方向の下半分がカットされた形になる。したがって，入出力電圧の正方向だけで**電圧増幅度** A_f を求めると，次のようになる。

$$A_f = 1 + \frac{R_2}{R_1} = 1 + \frac{180\mathrm{k}}{1\mathrm{k}} = 181$$

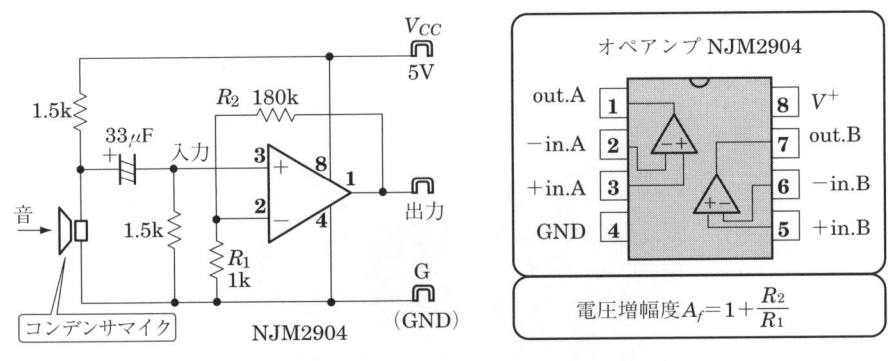

図 2.14 音スイッチ回路

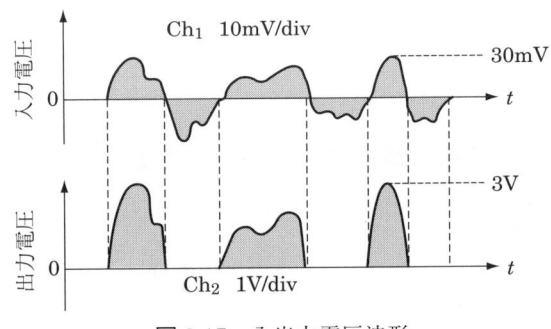

オペアンプ NJM2904

電圧増幅度 $A_f = 1 + \dfrac{R_2}{R_1}$

図 2.15 入出力電圧波形

音スイッチ回路と単安定マルチバイブレータの実験

　図 2.16 は，音スイッチ回路と単安定マルチバイブレータである。図 2.16 の単安定マルチバイブレータと図 2.17 の単安定マルチバイブレータの各部の波形によって，この回路の動作を見てみよう。

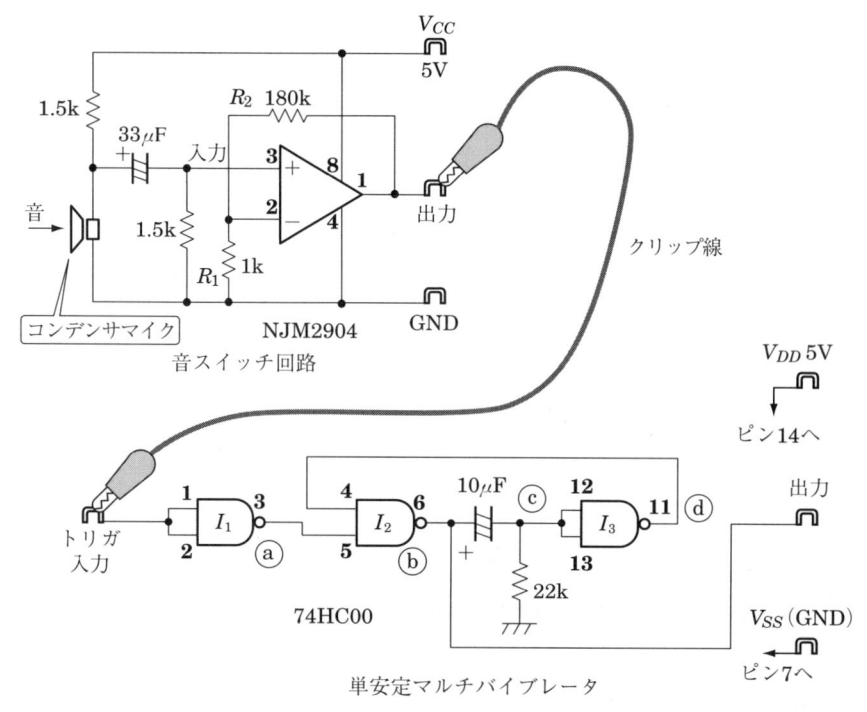

図 2.16　音スイッチ回路と単安定マルチバイブレータ

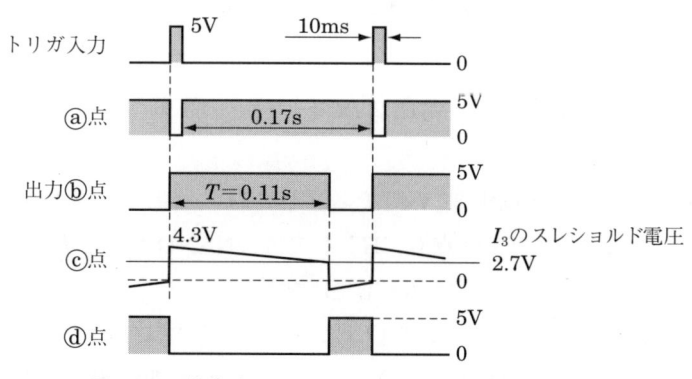

図 2.17　単安定マルチバイブレータの各部の波形

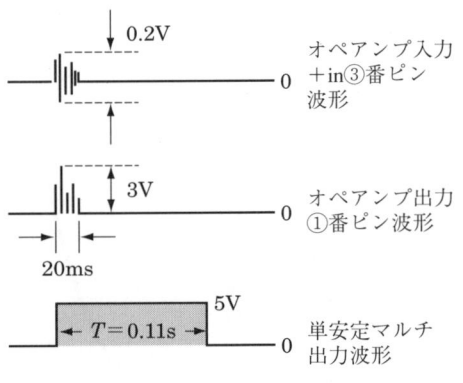

図 2.18　かしわ手を打ったときの波形例

回路の動作

❶ 単安定マルチバイブレータのトリガ入力端子に，図 2.17 のようなトリガパルスが入ると，インバータ I_1 で反転し，ⓐ点は常時"H"レベルから"L"に下降する。

❷ すると，NAND ゲート I_2 の出力であるⓑ点は"H"に立ち上がる。

❸ このⓑ点の立上り電圧 5V によってⓒ点も"H"になり，その後 CR 回路のコンデンサを充電していく。

❹ コンデンサが充電されていくに従い，ⓒ点の電位は 4.3V からインバータ I_3 のスレショルド電圧 2.7V まで徐々に下降する。この間は，ⓓ点は"L"である。

❺ スレショルド電圧 2.7V でインバータ I_3 は反転する。この瞬間，ⓓ点は"H"となり，ⓐ点も"H"なので，NAND ゲート I_2 の出力ⓑ点は"L"に急下降し，ⓒ点も"L"になる。

図 2.17 の例では，トリガパルス 1 つにつき，一定の時間幅 $T=0.11\text{s}$ をもったパルスが得られる。C-MOS のとき，出力パルスの時間幅 T は，$T \fallingdotseq 0.7C \cdot R$ で概算できる。

図 2.16 の音スイッチ回路の出力端子と単安定マルチバイブレータのトリガ入

図 2.19　音スイッチ回路と単安定マルチバイブレータの外観

力端子を接続し，電源電圧 5V を加え，コンデンサマイクの近くでかしわ手を打ったときの，各部の波形の一例を図 2.18 に示す．図 2.17 と同様に，一定の時間幅 T をもった出力パルスが単安定マルチバイブレータの出力になる．

図 2.19 は，図 2.16 の音スイッチ回路と単安定マルチバイブレータを 1 つの基板にした外観である．

2.2　IC 化温度センサと CdS セルを使用した電球の点灯制御

図 2.20 は，4 接点 SSR 出力 & 7 接点入力回路であり，図 1.5 と同じ回路である．

図 2.21 は，4 接点 SSR 出力 & 7 接点入力回路と IC 化温度センサ回路および CdS セル回路の接続を示す．ここで，IC 化温度センサの比較基準電圧 V_s を 40℃ に設定するため，$V_s=1.43\mathrm{V}$ にしておく．

IC 化温度センサが 40℃ になり，かつ CdS セルの表面が暗くなると，電球 L_1 と L_2 が 5 秒間点灯する．同時に AC100V ブザーを 5 秒間鳴らす．

図 2.22 は IC 化温度センサと CdS セルを使用した電球の点灯制御のフローチャートであり，そのプログラムをプログラム 2.1 に示す．

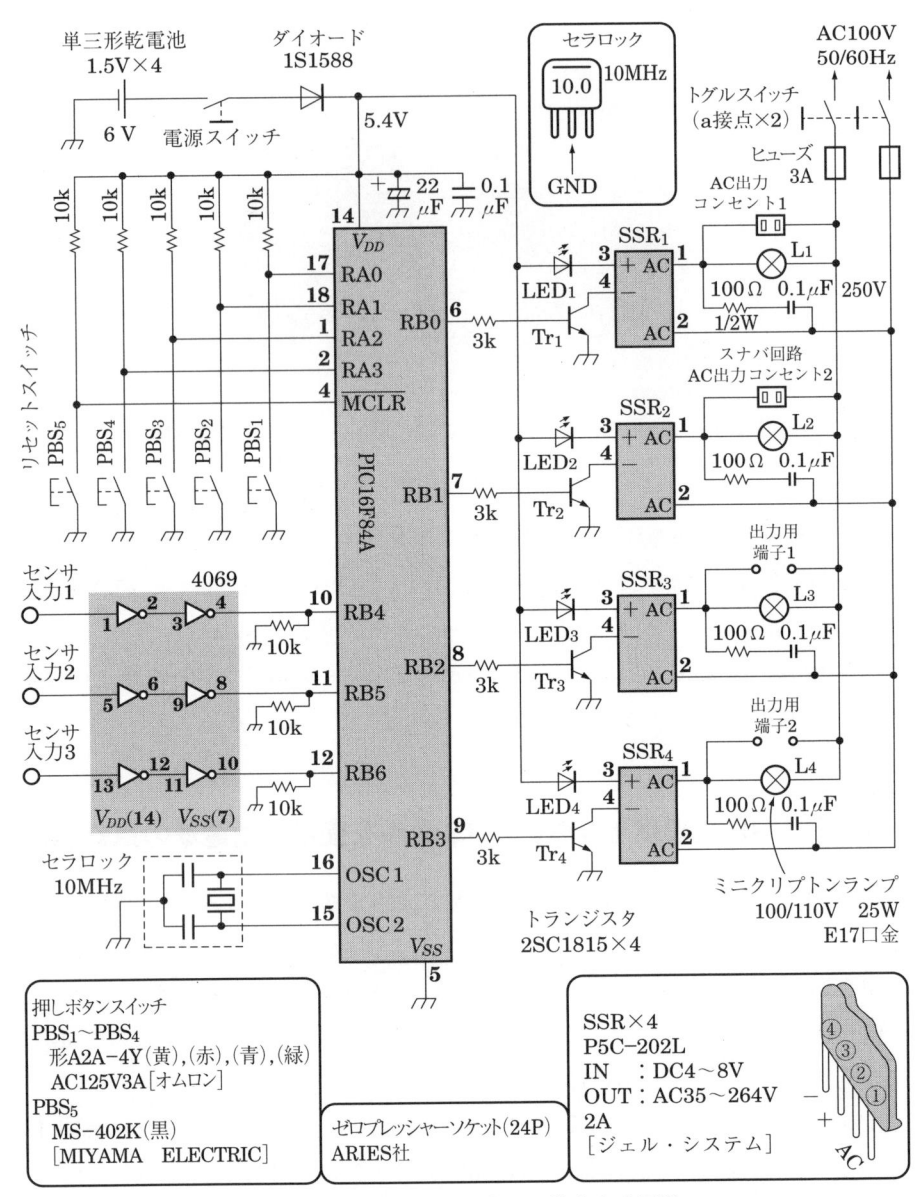

図 2.20　4 接点 SSR 出力 & 7 接点入力回路

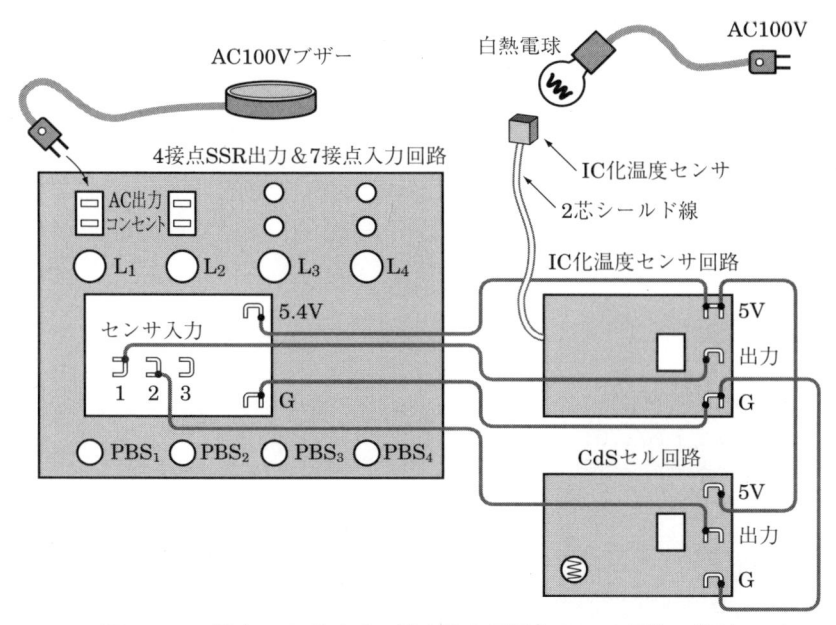

図 2.21　4 接点 SSR 出力 & 7 接点入力回路とセンサ回路の接続

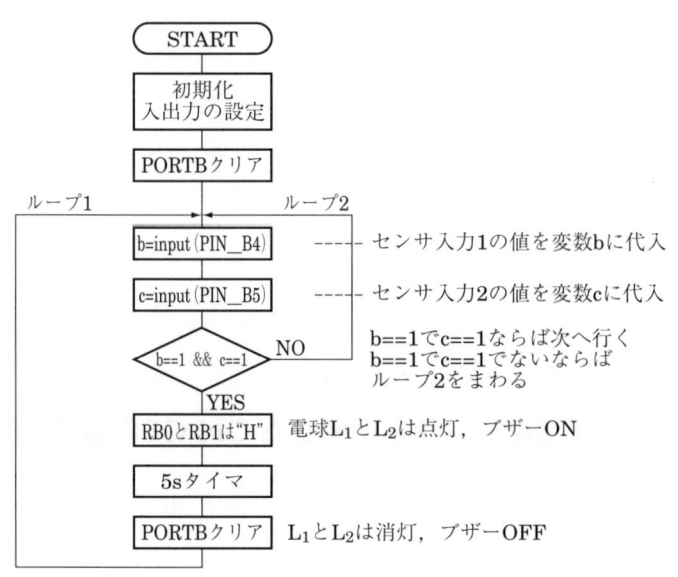

図 2.22　IC 化温度センサと CdS セルを使用した電球の点灯制御のフローチャート

2.2　IC 化温度センサと CdS セルを使用した電球の点灯制御

プログラム 2.1　IC 化温度センサと CdS セルを使用した電球の点灯制御

```
#include <16f84a.h>
#fuses HS,NOWDT,PUT,NOPROTECT
#use delay(clock=10000000)
#use fast_io(a)
#use fast_io(b)
int b,c;
main()
{
  set_tris_a(0x0f);
  set_tris_b(0x30);
  output_b(0);
  while(1)              ………………………………………………………ループ1
  {
    while(1)            ………………………………………………………ループ2
    {
      b=input(PIN_B4);  ……………………………………………センサ入力1
      c=input(PIN_B5);  ……………………………………………センサ入力2
      if(b==1 && c==1)  …………………………もし，bが1かつcが1なら
        break;          ………………………………………………ループ2を脱出
    }
    output_b(0x03);   …RB0とRB1を"H"にする。L₁とL₂は点灯。ブザーON
    delay_ms(5000);   ………………………………………………………5sタイマ
    output_b(0);      …………PORTBをクリア。L₁とL₂は消灯。ブザーOFF
  }
}
```

2.3　IC 化温度センサを使用した ON-OFF 温度制御

　図 2.23 は，4 接点 SSR 出力&7 接点入力回路と IC 化温度センサ回路の接続である。

　図 2.24 は，IC 化温度センサを使用した ON–OFF 温度制御のフローチャート

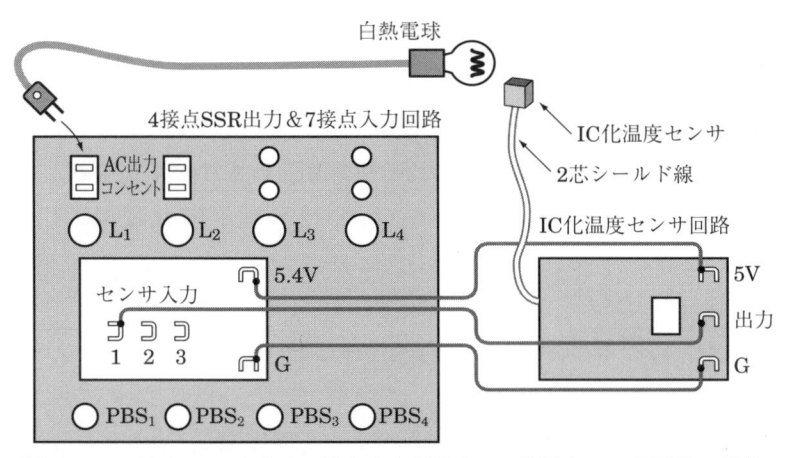

図 2.23　4接点 SSR 出力＆7接点入力回路と IC 化温度センサ回路の接続

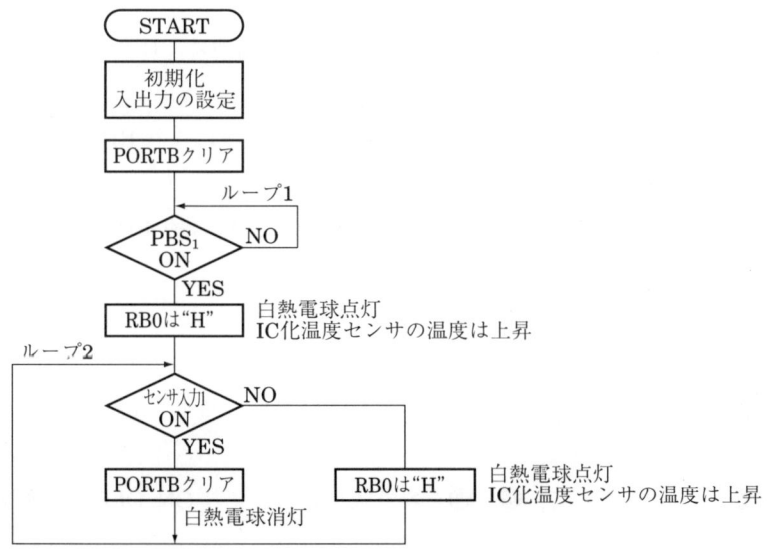

図 2.24　IC 化温度センサを使用した ON–OFF 温度制御のフローチャート

であり，そのプログラムをプログラム 2.2 に示す．

図 2.23 とプログラム 2.2 において，この回路の動作を見てみよう．

2.3 IC 化温度センサを使用した ON–OFF 温度制御　47

回路の動作

① IC 化温度センサの設定温度を 40℃ とする。このため，ボリューム VR を調整してコンパレータの比較基準電圧 V_s を 1.43V にする。

② AC 出力コンセント 1 に接続された白熱電球と IC 化温度センサは近づけておく。

③ 押しボタンスイッチ PBS_1 を ON にすると，プログラムにより RB0 は "H" になる。このため，白熱電球は点灯し，IC 化温度センサの温度は上昇する。

④ 室温において，IC 化温度センサの出力電圧 V_{out}，すなわちコンパレータの入力電圧 V_i は，図 2.2 の特性から $V_i > V_s$ の関係にある。

⑤ IC 化温度センサの温度が上昇するに従い，約 40℃ で $V_i < V_s$ になる。

⑥ $V_i < V_s$ になると，IC 化温度センサ回路の出力は "H" となり，センサ入力 1 も "H" になる。

⑦ センサ入力 1 が "H" になると，プログラムにより RB0 を "L" にする。したがって白熱電球は消灯する。

⑧ すると，IC 化温度センサの温度は下がり，V_i は約 40℃ で $V_i > V_s$ の状態に戻る。

⑨ $V_i > V_s$ になると，IC 化温度センサ回路の出力は "L" になり，センサ入力 1 も "L" になる。

⑩ センサ入力 1 が "L" になると，プログラムにより RB0 を "H" にさせ，白熱電球は点灯する。

⑪ このようにして，⑤～⑩を繰り返すことにより ON–OFF 温度制御ができる。

プログラム 2.2　IC 化温度センサを使用した ON-OFF 温度制御

```
#include <16f84a.h>
#fuses HS,NOWDT,PUT,NOPROTECT
#use delay(clock=10000000)
#use fast_io(a)
#use fast_io(b)
main()
{
  set_tris_a(0x0f);
  set_tris_b(0x30);
  output_b(0);
  while(1)                  ……………………………………………ループ 1
  {
    if(input(PIN_A0)==0)    ……………………………………PBS1 ON
    {
      output_b(0x01);      ……白熱電球点灯。IC 化温度センサの温度は上昇する
      break;
    }
  }
  while(1)                  ……………………………………………ループ 2
  {
    if(input(PIN_B4)==1)    …………………………………センサ入力 1 ON
      output_b(0);         ………………………………………白熱電球消灯
    else
      output_b(0x01);      ……白熱電球点灯。IC 化温度センサの温度は上昇する
  }
}
```

2.4　自動ドアに見立てたリバーシブルモータの正転・逆転制御

　図 2.25 は 4 接点 SSR 出力＆7 接点入力回路と単相誘導モータおよび音センサ回路の接続である。

　図 2.25 の回路を自動ドアに見立てる。実際の自動ドアの人体検知センサには，

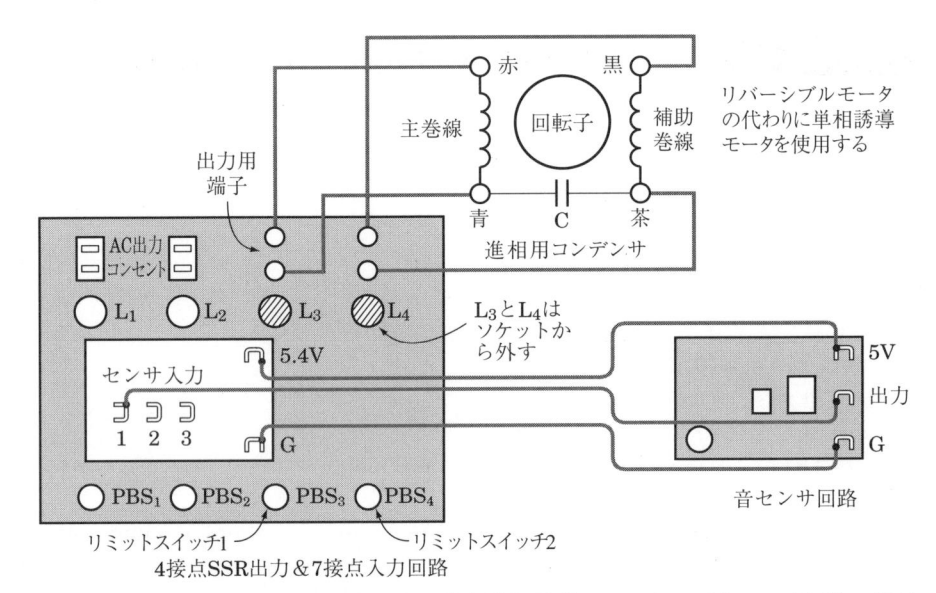

図 2.25 4 接点 SSR 出力 & 7 接点入力回路と単相誘導モータおよび音センサ回路の接続

超音波センサや焦電型赤外線センサなどが使用されるが，ここでは音センサ回路の出力をセンサ入力とする。押しボタンスイッチ PBS_3 と PBS_4 を，ドアが完全に開いたときのリミットスイッチ1と閉じたときのリミットスイッチ2とする。

ここで，この回路の動作を見てみよう。

回路の動作

❶ 押しボタンスイッチ PBS_1 の ON で，センサ入力受入れ状態になる。

❷ 音センサ回路のコンデンサマイクの近くでかしわ手を打つと，音センサ回路の出力に1つパルスが発生する。

❸ このパルスがセンサ入力1に入り，単相誘導モータは正転する。ドアが開いていくことになる。

❹ PBS_3 を押す。PBS_3 を押すことにより，ドアが完全に開いたときのリミットスイッチ1の働きをさせている。

❺ 単相誘導モータは停止し，ドアは開いた状態を続ける。

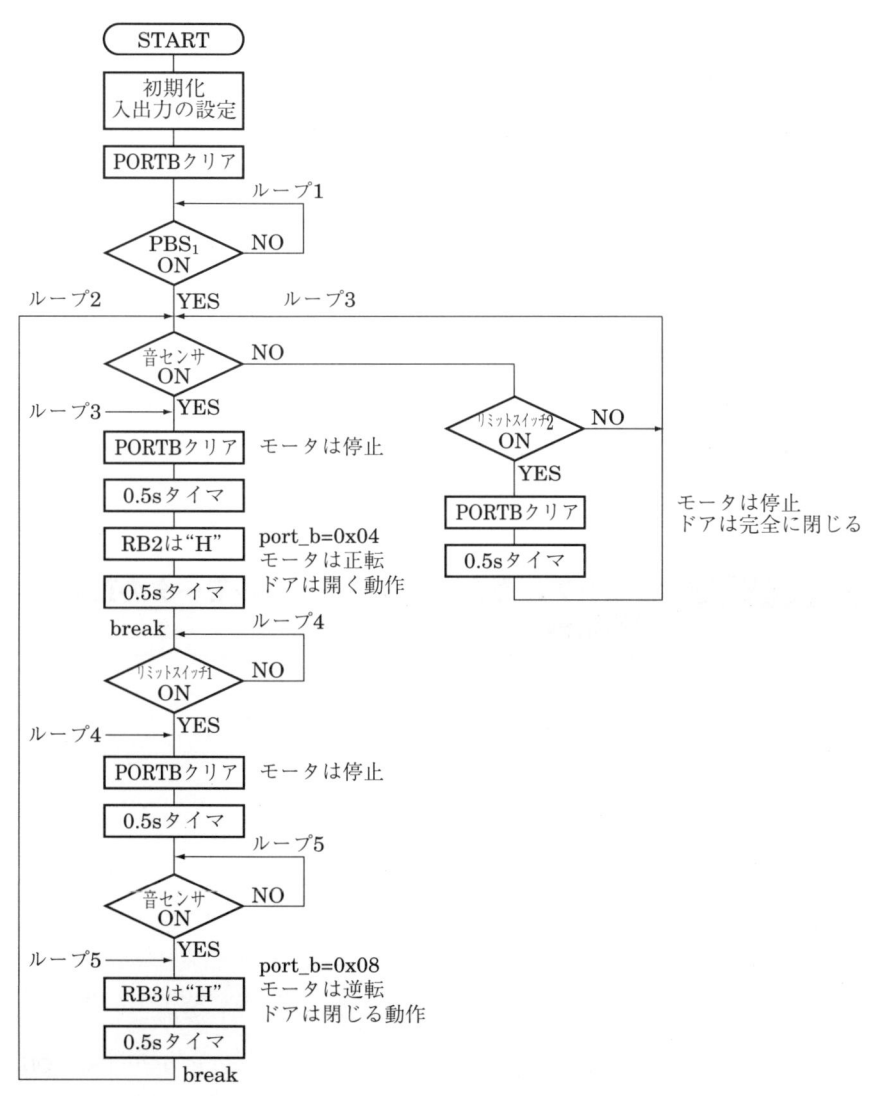

```
                    START
                      │
              ┌───────▼────────┐
              │   初期化        │
              │ 入出力の設定    │
              └───────┬────────┘
              ┌───────▼────────┐
              │  PORTBクリア   │
              └───────┬────────┘
                      │    ←── ループ1
                      ▼
                  ◇PBS₁ ON◇ ── NO ─┐
                      │ YES         │
       ループ2 ──────▶│ ループ3     │
                      ▼
                 ◇音センサ ON◇ ── NO ──▶ ◇リミットスイッチ2 ON◇ ── NO ──┐
                      │ YES                      │ YES                    │
       ループ3 ──────▶│                    ┌─────▼─────┐                 │
              ┌───────▼────────┐          │ PORTBクリア│                 │
              │  PORTBクリア   │ モータは停止└─────┬─────┘                 │
              └───────┬────────┘          ┌─────▼─────┐                 │
              ┌───────▼────────┐          │ 0.5sタイマ │                 │
              │  0.5sタイマ    │          └───────────┘                 │
              └───────┬────────┘                                        │
              ┌───────▼────────┐ port_b=0x04                            │ モータは停止
              │  RB2は"H"      │ モータは正転                            │ ドアは完全に閉じる
              └───────┬────────┘ ドアは開く動作                          │
              ┌───────▼────────┐                                        │
              │  0.5sタイマ    │                                        │
              └───────┬────────┘                                        │
                  break ◀── ループ4                                      │
                      ▼                                                 │
                 ◇リミットスイッチ1 ON◇ ── NO ──────────────────────────┘
                      │ YES
       ループ4 ──────▶│
              ┌───────▼────────┐
              │  PORTBクリア   │ モータは停止
              └───────┬────────┘
              ┌───────▼────────┐
              │  0.5sタイマ    │
              └───────┬────────┘
                      │  ←── ループ5
                      ▼
                 ◇音センサ ON◇ ── NO ─┐
                      │ YES           │
       ループ5 ──────▶│               │
              ┌───────▼────────┐ port_b=0x08
              │  RB3は"H"      │ モータは逆転
              └───────┬────────┘ ドアは閉じる動作
              ┌───────▼────────┐
              │  0.5sタイマ    │
              └───────┬────────┘
                    break
```

図2.26　自動ドアに見立てたリバーシブルモータの正転・逆転制御のフローチャート

❻ 実際の自動ドアでは，何秒か後にドアは閉じ始めるのだが，ここでは開いたままになる。

❼ 再度，音センサ回路の近くでかしわ手を打つ。すると，単相誘導モータは逆転する。ドアは閉じていくことになる。

❽ もし，ここでさらにかしわ手を打つと，単相誘導モータは正転し，❸の状態に戻る。

❾ ❼の状態からドアが完全に閉じると，リミットスイッチ2がONになる。単相誘導モータは停止し，ドアは閉じた状態を続ける。ここでは，PBS₄を押すことによってリミットスイッチ2の働きをさせている。

図2.26は，自動ドアに見立てたリバーシブルモータの正転・逆転制御のフローチャートであり，そのプログラムをプログラム2.3に示す。

プログラム2.3　自動ドアに見立てたリバーシブルモータの正転・逆転制御

```
#include <16f84a.h>
#fuses HS,NOWDT,PUT,NOPROTECT
#use delay(clock=10000000)
#byte port_b=6
main()
{
  set_tris_a(0x0f);
  set_tris_b(0x30);
  port_b=0;
  while(1)                    ………………………………………………ループ1
  {
    if(input(PIN_A0)==0)      ………………………………………PBS₁ ON
      break;
  }
  while(1)                    ………………………………………………ループ2
  {
    while(1)                  ………………………………………………ループ3
```

```
    {
      if(input(PIN_B4)==1)           ······································音センサON
      {
        port_b=0;            ······························PORTBクリア。モータ停止
        delay_ms(500);          ···············································0.5sタイマ
        port_b=0x04;          ·············································モータ正転
        delay_ms(500);
        break;
      }
      else if(input(PIN_A3)==0)     ········PBS$_4$(リミットスイッチ2)ON
      {
        port_b=0;            ·················································モータ停止
        delay_ms(500);
      }
    }
    while(1)                ···············································ループ4
    {
      if(input(PIN_A2)==0)      ··················PBS$_3$(リミットスイッチ1)ON
      {
        port_b=0;           ··················································モータ停止
        delay_ms(500);
        while(1)               ···············································ループ5
        {
          if(input(PIN_B4)==1)    ··································音センサON
          {
            port_b=0x08;        ·············································モータ逆転
            delay_ms(500);
            break;
          }
        }
        break;
      }
    }
  }
}
```

2.5 エスカレータの自動運転に見立てたリバーシブルモータの制御

　この制御実験は，リバーシブルモータを**エスカレータ**のモータに見立てる。エスカレータの入口に設置した**光電スイッチ**や**超音波センサ**で人を検知すると，エスカレータは動きだす。エスカレータの下から上までに要する時間（例えば10秒）がたつと，エスカレータは停止する。しかし，次から次へ人が乗ってくると，最後に乗った人をセンサが検知した後，10秒後に停止する。これは，エスカレー

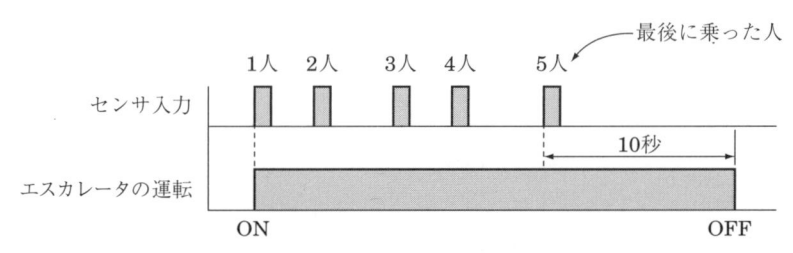

図2.27　エスカレータの自動運転のタイムチャート

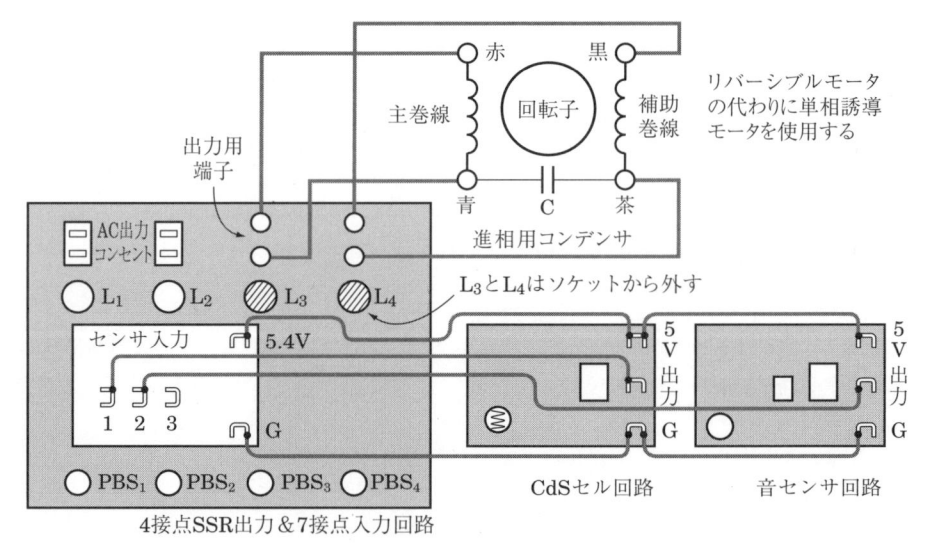

図2.28　4接点SSR出力＆7接点入力回路と単相誘導モータおよび各種センサ回路の接続

54　2．センサ回路を使用した制御実験

タの自動運転で，**省エネルギー効果**がある。自動運転の様子を図 2.27 のタイムチャートに示す。

図 2.28 は，4 接点 SSR 出力 & 7 接点入力回路と単相誘導モータおよび各種センサ回路の接続である。この回路をエスカレータの自動運転に見立てる。ここでは，CdS セル回路を人を検知する光電スイッチの代わりとしている。また，音センサ回路は緊急時の停止スイッチである。

ここで，回路の動作を見てみよう。

回路の動作

❶ 押しボタンスイッチ PBS_1 の ON で，センサ入力 1 は受入れ状態になる。

❷ エスカレータの入口に人が入ってくると，センサ入力 1（CdS セル回路の出力）に 1 つパルスが発生する。実験では CdS セルの表面を暗くする。

❸ このセンサ入力 1 のパルスにより，エスカレータ（単相誘導モータ）は運転状態になる。

❹ このまま，後に続く人が乗ってこなければ，エスカレータの下から上までに要する時間（例えば 10 秒）がたつと，エスカレータは停止する。

❺ 人が次から次へエスカレータに乗ってくると，最後に乗った人によって作られたセンサ入力 1 から，10 秒後にエスカレータは停止する。

❻ エスカレータの運転中に，音センサ回路のコンデンサマイクの近くでかしわ手を打つと，センサ入力 2 に 1 つパルスが入る。エスカレータ（単相誘導モータ）は停止する。あるいは，リセットスイッチ PBS_5 を押しても停止する。

図 2.29 は，エスカレータの自動運転に見立てたリバーシブルモータの制御のフローチャートである。そのプログラムをプログラム 2.4 に示す。

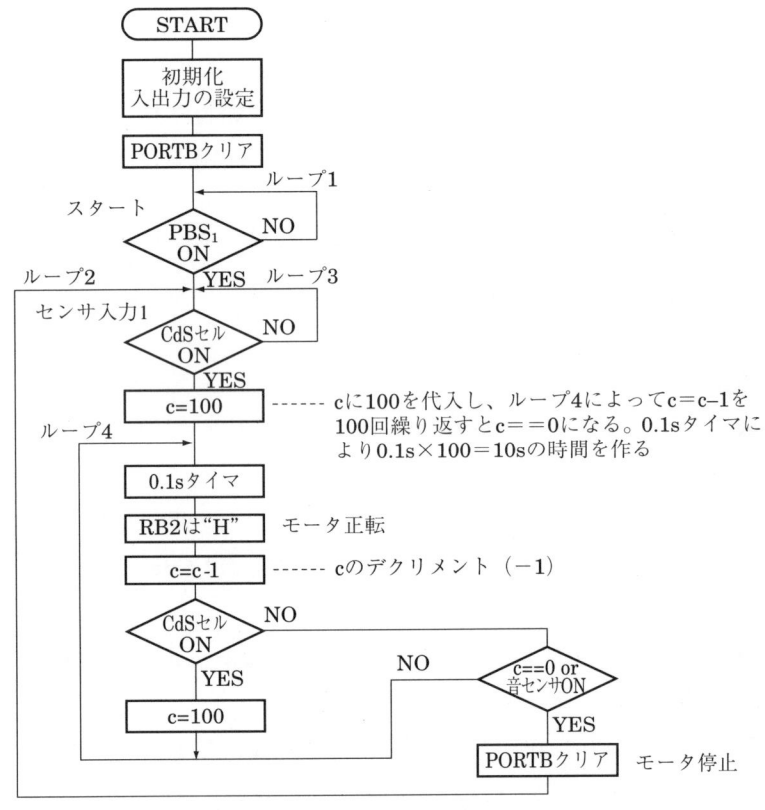

図 2.29　エスカレータの自動運転のフローチャート

プログラム 2.4　エスカレータの自動運転に見立てたリバーシブルモータの制御

```
#include <16f84a.h>
#fuses HS,NOWDT,PUT,NOPROTECT
#use delay(clock=10000000)
#use fast_io(a)
#use fast_io(b)
main()
{
```

```
    int c;
    set_tris_a(0x0f);
    set_tris_b(0x30);
    output_b(0);
    while(1)                ················································ループ1
    {
      if(input(PIN_A0)==0)  ································PBS₁ ON
        break;
    }
    while(1)                ················································ループ2
    {
      while(1)              ················································ループ3
      {
        if(input(PIN_B4)==1) ·······························CdS セル ON
        {
          c=100;
          while(1)          ················································ループ4
          {
            delay_ms(100);  ································0.1s タイマ
            output_b(0x04); ································モータ正転
            c=c-1;
            if(input(PIN_B4)==1) ···························CdS セル ON
              c=100;
            else if(c==0 || input(PIN_B5)==1)    c==0 または
              break;                             音センサ ON
          }
          output_b(0);      ················································モータ停止
          break;
        }
      }
    }
}
```

2.6　CdS セルを使用した節電用電球点灯回路

図 2.30 は，4 接点 SSR 出力＆7 接点入力回路と CdS セル回路による**節電用電球点灯回路**である。

図 2.30 において，電球 L_1 と L_2 は室内の窓側にあり，L_3 と L_4 は廊下側にあるものとする。PBS_1 で L_1 は点灯，PBS_2 で L_2 は点灯のように，各押しボタンスイッチと電球は対応している。CdS セル回路の CdS セルは窓の近くに設置し，外部からの光のみで，室内の電球からの光は入射しないように工夫する。

よくある経験であるが，室内において，窓側は明るいのに窓側の照明装置が点灯していることがある。このような無駄をなくすために役立つのが図 2.30 の回路である。では，この回路の動作を見てみよう。

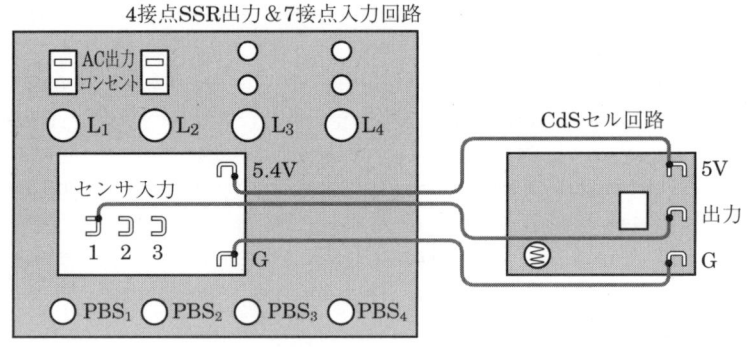

図 2.30　4 接点 SSR 出力＆7 接点入力回路と CdS セル回路を使用した節電用電球点灯回路

回路の動作

❶ CdS セル回路のコンパレータの比較基準電圧 V_s は，ボリューム VR を調整して高感度の 0.4V 程度にする。

❷ 外が薄暗くなってきたとき，あるいは曇天のときなど，室内の窓側でも少し薄暗く感じるときは窓側の電球も点灯させることにする。この

調整が❶の $V_s=0.4V$ 程度である。

❸ 夜を含め，❷のようなときは，4つの押しボタンスイッチのONで，窓側の L_1，L_2 と廊下側の L_3，L_4 はすべて点灯する。

❹ 太陽光線が窓から室内に入射しているときなど，窓側は十分明るいので，PBS_1 や PBS_2 をONにしても L_1，L_2 は点灯しない。廊下側の L_3，L_4 は PBS_3 や PBS_4 のONで点灯する。

❺ 時間がたち，窓側も少し薄暗くなってきた場合は，PBS_1 や PBS_2 のONで L_1，L_2 は点灯する。

❻ すべて消灯するには，PBS_5 のリセットスイッチを押す。

図2.31は，CdSセルを使用した節電用電球点灯回路のフローチャートであり，そのプログラムをプログラム2.5に示す。

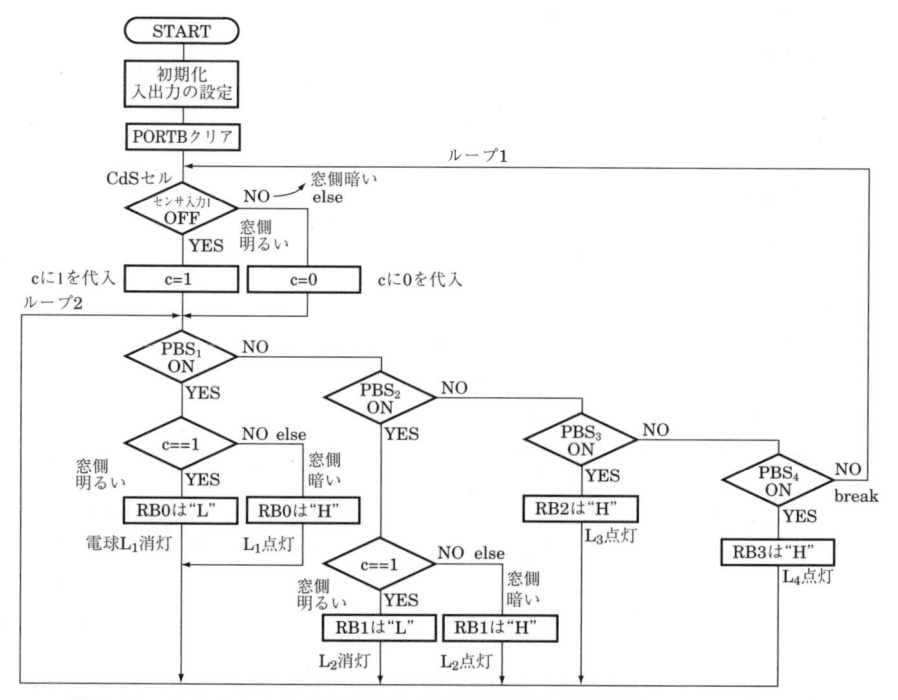

図2.31 CdSセルセンサを使用した節電用電球点灯回路のフローチャート

プログラム 2.5　CdS セルを使用した節電用電球点灯回路

```
#include <16f84a.h>
#fuses HS,NOWDT,PUT,NOPROTECT
#use delay(clock=10000000)
#use fast_io(a)
#use fast_io(b)
main()
{
  int c;
  set_tris_a(0x0f);
  set_tris_b(0x10);
  output_b(0);
  while(1)                              ……………………………………………ループ 1
  {
    if(input(PIN_B4)==0)                ……………………………………CdS セル明るい
      c=1;
    else                                ………………………………………CdS セル暗い
      c=0;
    while(1)                            ……………………………………………ループ 2
    {
      if(input(PIN_A0)==0)              ………………………………………PBS₁ ON
      {
        if(c==1)                        ……………………………………CdS セル明るい
          output_low(PIN_B0);           ……………………………………電球 L₁ 消灯
        else                            ………………………………………CdS 暗い
          output_high(PIN_B0);          ……………………………………L₁ 点灯
      }
      else if(input(PIN_A1)==0)         ………………………………………PBS₂ ON
      {
        if(c==1)                        ……………………………………CdS セル明るい
          output_low(PIN_B1);           ……………………………………L₂ 消灯
        else                            ……………………………………CdS セル暗い
          output_high(PIN_B1);          ……………………………………L₂ 点灯
      }
      else if(input(PIN_A2)==0)         ………………………………………PBS₃ ON
```

```
            output_high(PIN_B2);          ……………………………… L₃ 点灯
        else if(input(PIN_A3)==0)         ……………………………… PBS₄ ON
            output_high(PIN_B3);          ……………………………… L₄ 点灯
        break;                            ……………………………… ループ2を脱出
      }
    }
}
```

2.7　リードスイッチと音センサを使用した防犯装置

図 2.32 は，4 接点 SSR 出力 & 7 接点入力回路とリードスイッチ回路および音センサ回路を使用した**防犯装置**である。

図 2.32 において，磁石は窓枠，リードスイッチは窓の壁に取り付けられ，窓が閉じているときは，磁石によりリードスイッチは ON になっているものとする。また，**音スイッチ**は**衝撃検知回路**と見なし，衝撃センサは窓ガラスに取り付けられているものとする。ここで，回路の動作を見てみよう。

回路の動作

❶ 押しボタンスイッチ PBS₁ の ON でスタートする。

❷ 不法侵入者が窓を開けたり窓ガラスを割ったりすると，センサ入力に信号を得る。

❸ 窓が閉じているときは，磁石によってリードスイッチは ON になっている。このときセンサ入力 1 は "H" である。侵入者が窓を開けるとリードスイッチは OFF になる。このときセンサ入力 1 は "L" になる。この信号を捕える。

❹ 窓ガラスが割られた場合，**衝撃検知回路**（音スイッチ回路）の出力には 1 つパルスが発生する。このパルスをセンサ入力 2 とする。

❺ センサ入力 1，センサ入力 2 どちらも信号の変化を捕え，電球 L₁ と L₂ は 0.6 秒間隔で点滅する。同時に AC 出力コンセントの負荷である AC

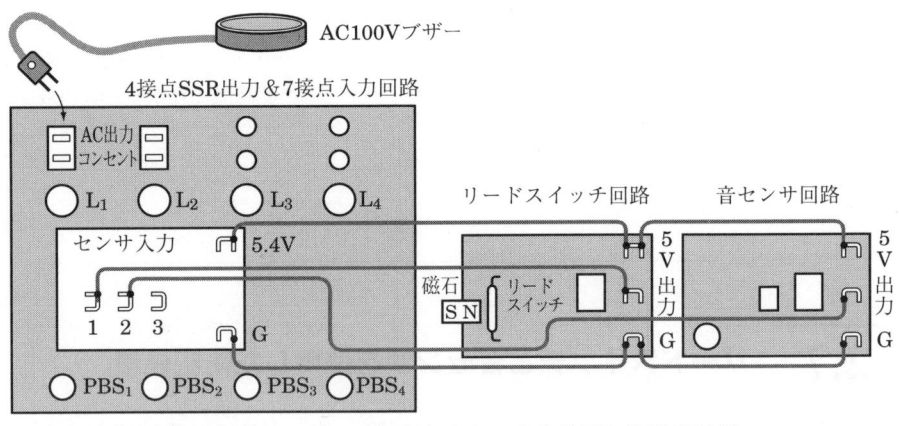

図 2.32 リードスイッチと音センサを使用した防犯装置

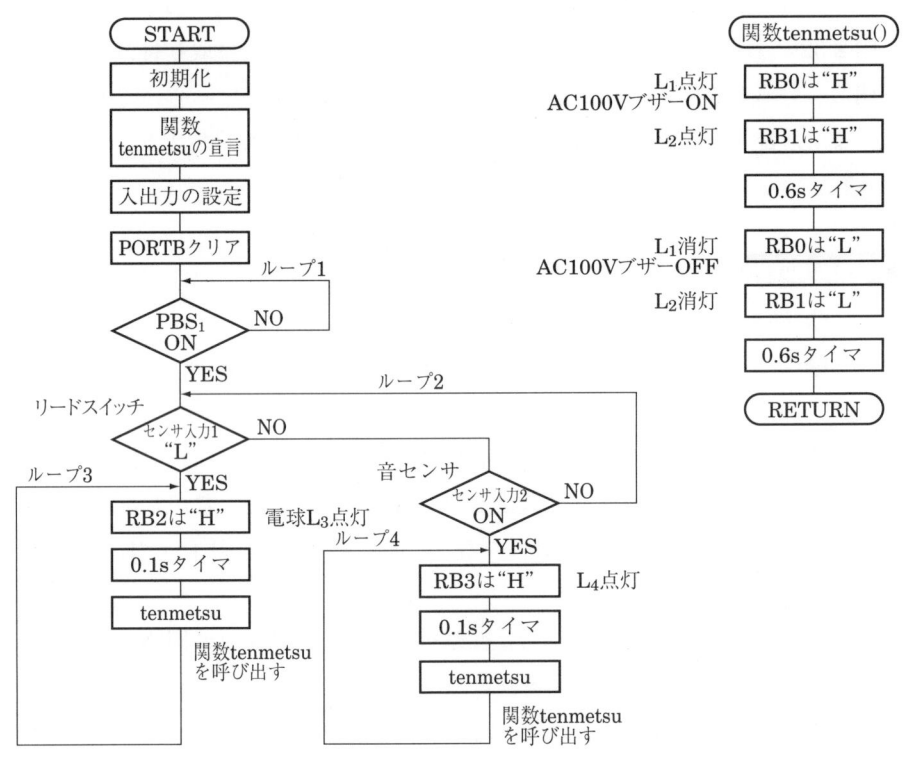

図 2.33 リードスイッチと音センサを使用した防犯装置のフローチャート

100Vブザーも ON–OFF を繰り返す。

❻ 窓が開けられたときは L_3 が点灯し，窓ガラスが割られたときは L_4 が点灯する。

❼ リセットスイッチ PBS_5 の ON で停止する。

図 2.33 は，リードスイッチと音センサを使用した防犯装置のフローチャートであり，そのプログラムをプログラム 2.6 に示す。

プログラム 2.6　リードスイッチと音センサを使用した防犯装置

```
#include <16f84a.h>
#fuses HS,NOWDT,PUT,NOPROTECT
#use delay(clock=10000000)
#use fast_io(a)
#use fast_io(b)
void tenmetsu();        ………関数 tenmetsu は戻り値なしというプロトタイプ宣言
main()
{
   set_tris_a(0x0f);
   set_tris_b(0x30);
   output_b(0);
  while(1)                                                      ……ループ1
  {
    if(input(PIN_A0)==0)                                      …… $PBS_1$ ON
      break;
  }
    while(1)                                                     ……ループ2
    {
      if(input(PIN_B4)==0)                             ……リードスイッチ"L"
      {
        while(1)                                                ……ループ3
        {
          output_high(PIN_B2);                              ……電球 $L_3$ 点灯
          delay_ms(100);                                      ……0.1s タイマ
          tenmetsu();                                ……関数 tenmetsu を呼び出す
```

```
        }
      }
      else if(input(PIN_B5)==1)      ……………………………音センサ ON
      {
        while(1)       …………………………………………………ループ 4
        {
          output_high(PIN_B3);       …………………………………L₄ 点灯
          delay_ms(100);             ……………………………………0.1s タイマ
          tenmetsu();                ……………………………関数 tenmetsu を呼び出す
        }
      }
    }
}
void tenmetsu()                      ………………………………………関数 tenmetsu の本体
{
    output_high(PIN_B0);      ……………………………………L₁ 点灯，ブザー ON
    output_high(PIN_B1);      ………………………………………………L₂ 点灯
    delay_ms(600);            …………………………………………………0.6s タイマ
    output_low(PIN_B0);       ……………………………………L₁ 消灯，ブザー OFF
    output_low(PIN_B1);       ………………………………………………L₂ 消灯
    delay_ms(600);            …………………………………………………0.6s タイマ
}
```

●解説

void tenmetsu()；

　C 言語の関数には，値を返すもの（いわゆるファンクション）と値を返さないもの（いわゆるサブルーチン）がある。

　メインルーチンに先立って，tenmetsu（点滅）と名付けた関数は戻り値なしというプロトタイプ宣言をしている。プロトタイプ宣言とは，このプログラムでは tenmetsu という関数を使う。そして，この関数は値を返さないということを表明している。それには特別の名前 void を使う。

tenmetsu()；

関数 tenmetsu を呼び出す。

```
void  tenmetsu()
{
        ⋮    戻り値なしの関数 tenmetsu の本体
        ⋮    ここでは，RB0 と RB1 を 0.6 秒間隔で ON−OFF させている。
}
```

3.

簡易回転計

　　工業系の学校での実習や工場などにおいて，モータやボール盤，その他の機械の回転数を知りたいときがある。このようなとき役立つのが簡易回転計である。この回転計は，光センサとして反射型フォトインタラプタを使用した非接触型であり，3桁の7セグメント表示器をもった実用装置である。

　　簡易回転計と名付けたのは，1秒間当りの回転数〔rps〕が整数表示で小数表示ではないからである。したがって，例えば回転数が24〔rps〕とすると，1分間当りに換算すると24×60＝1 440〔rpm〕になる。もし，24.5〔rps〕と測定できたなら，24.5×60＝1 470〔rpm〕になる。しかし，24.5〔rps〕と表示することはできないが，計算で求めることはできる。

　　このように，この回転計は，モータや機械の概略の回転数を知るには十分な機能をもっている。

　　簡易回転計の制御回路は，入力側に回転パルス発生・増幅・整形回路があり，出力側に3桁の7セグメント表示器がある。入力側の回路は実測波形をもとに詳しく述べ，出力側は，7セグメント表示器のダイナミック点灯制御法について解説する。

3.1　簡易回転計の概要

　図3.1は，簡易回転計の外観である。この回転計は，1秒間当りの回転数を3桁の7セグメント表示器で表示する。このため，最大表示は999〔rps〕となる。測定した回転数を表示する時間はプログラムにより決め，例えば0.9秒とすると，

反射型フォトインタラプタ

ケース　125×70×40mm
SW-125タカチ電機工業(株)

7セグメント表示器

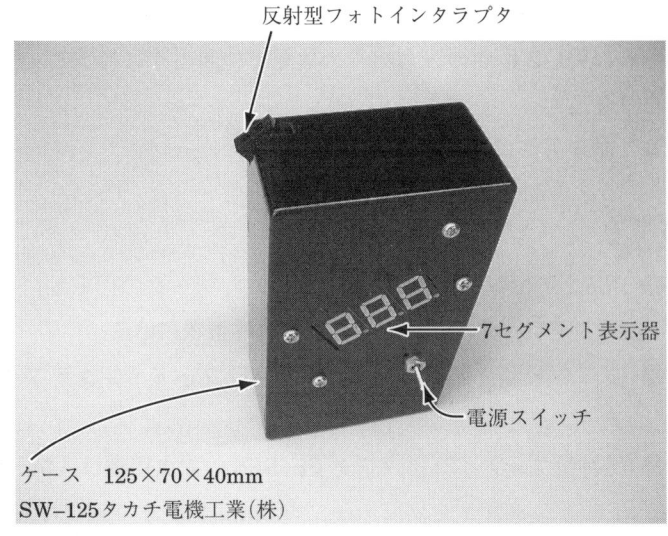

電源スイッチ

(a) 外観

7セグメント表示器の基板

反射型フォトインタラプタ

PIC16F84A

ニッケル水素電池
1.2V×4

(b) 内部

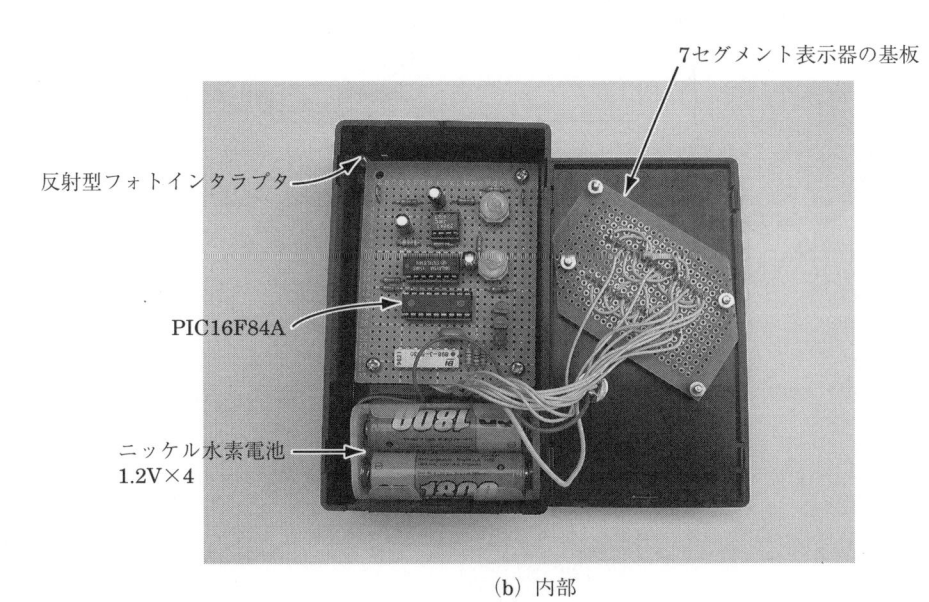

図 3.1　簡易回転計の外観

3.1 簡易回転計の概要

0.9 秒間だけ回転数を表示し，その後の 2 秒間に入力パルスを計測する．この間，表示はされない．2 秒間の入力パルス数を 1 秒間当りに換算し，表示する，表示しないを繰り返す．

　回転数の測定方法は次のようにする．

測定方法

❶ 図 3.2 の回転数の測定に示すように，モータの回転軸に白のビニルテープを巻き，黒のビニルテープを一枚帯状に貼る．

❷ モータを回転させ，回転計の**反射型フォトインタラプタを白黒の反射テープ**に近づける．

❸ 反射型フォトインタラプタ EE-SF5 の**焦点距離**は 4.5mm なので，フォトインタラプタを反射テープの 5mm 程度まで近づける．この距離は，

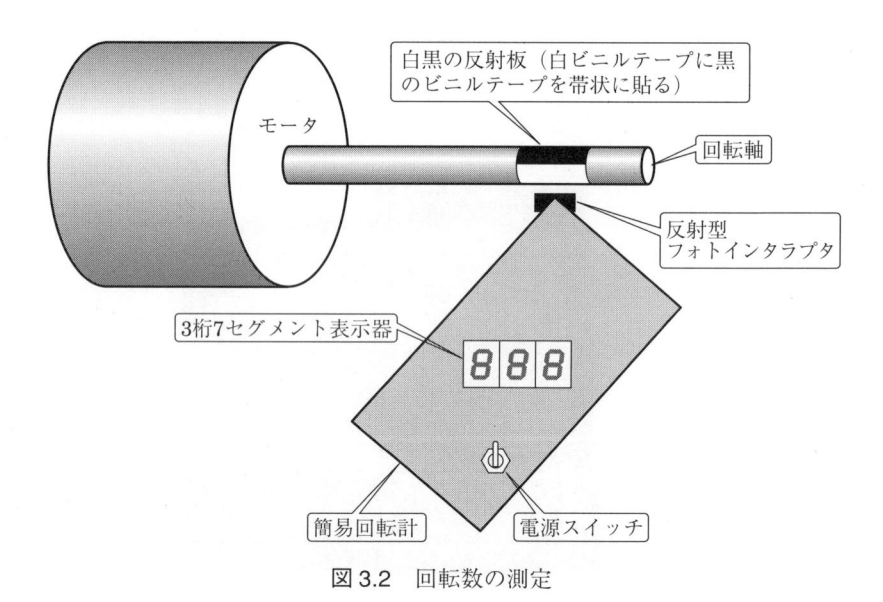

図 3.2　回転数の測定

15mm 程度まで離すことが可能である。

❹ フォトインタラプタは，回転によるビニルテープの白黒の変化を捕え，パルスを作る。

❺ 回転計は 1 秒間当りのパルスをカウントし，7 セグメント表示器に表示する。

❻ 回転計の精度を少しでも良くするには，次のようにする。

❼ 回転軸に白のビニルテープを巻き，回転軸の円周に沿って，黒のビニルテープを等間隔に，例えば，4 枚貼り付ける。

❽ すると，回転計は，1 回転でパルスを 4 つカウントするので，7 セグメント表示器は，1 秒間当りの回転数の 4 倍の値を表示する。

❾ 例えば，表示値が 98 であれば，98/4＝24.5〔rps〕と計算できる。

3.2　簡易回転計の制御回路

図 3.3 に，簡易回転計の制御回路を示す。入力側に回転パルス発生・増幅・整形回路があり，出力側に 3 桁の 7 セグメント表示器がある。

ここで，回転パルス発生・増幅・整形回路の動作を図 3.4 の各部の波形とともに見てみよう。

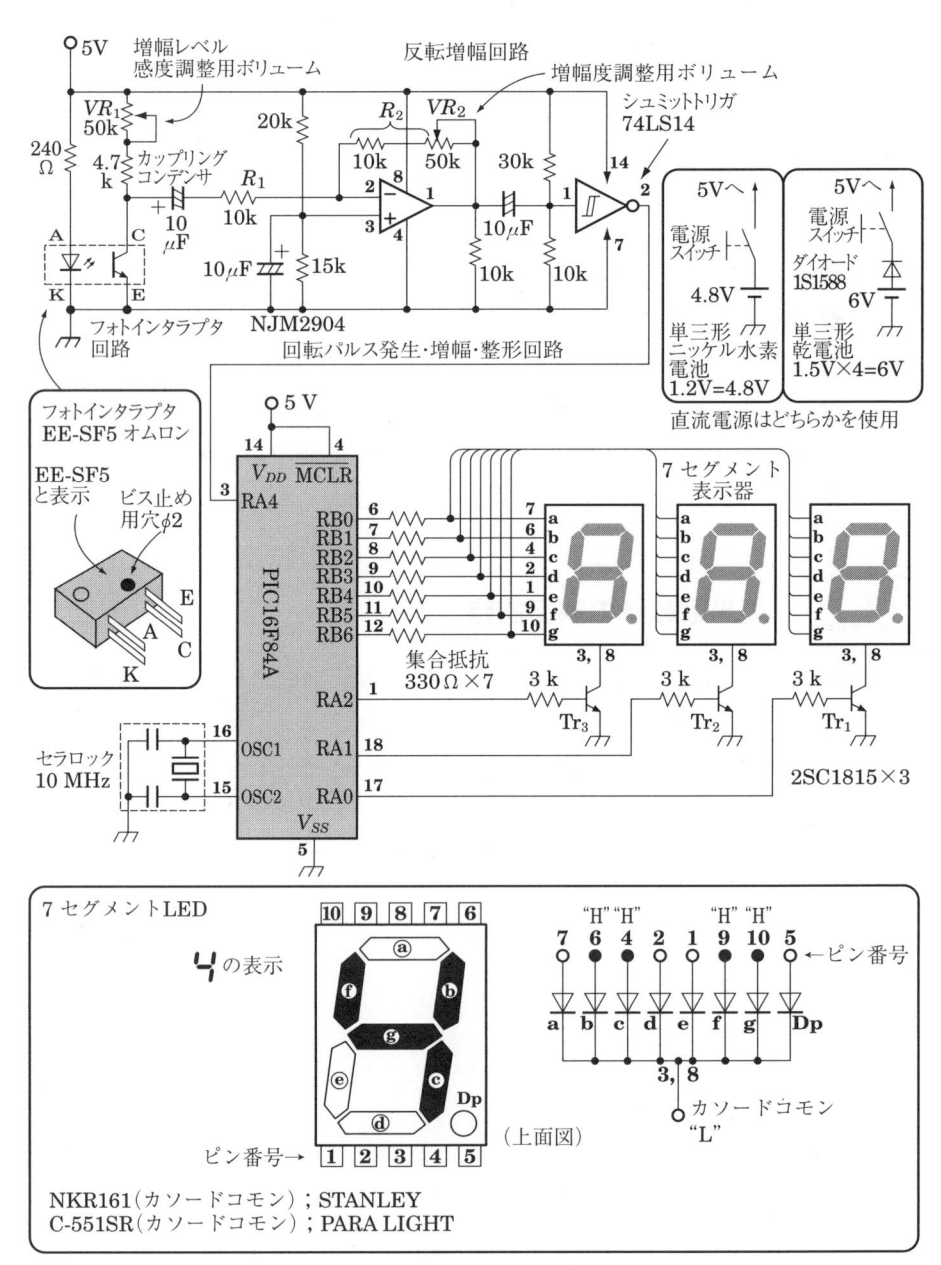

図 3.3 簡易回転計の制御回路

V=4.1V, 回転数=25rps
反射板とフォトインタラプタとの距離8mm

フォトインタラプタ出力 [V] ／ ボリュームVR_1によりレベルと感度の調整をする

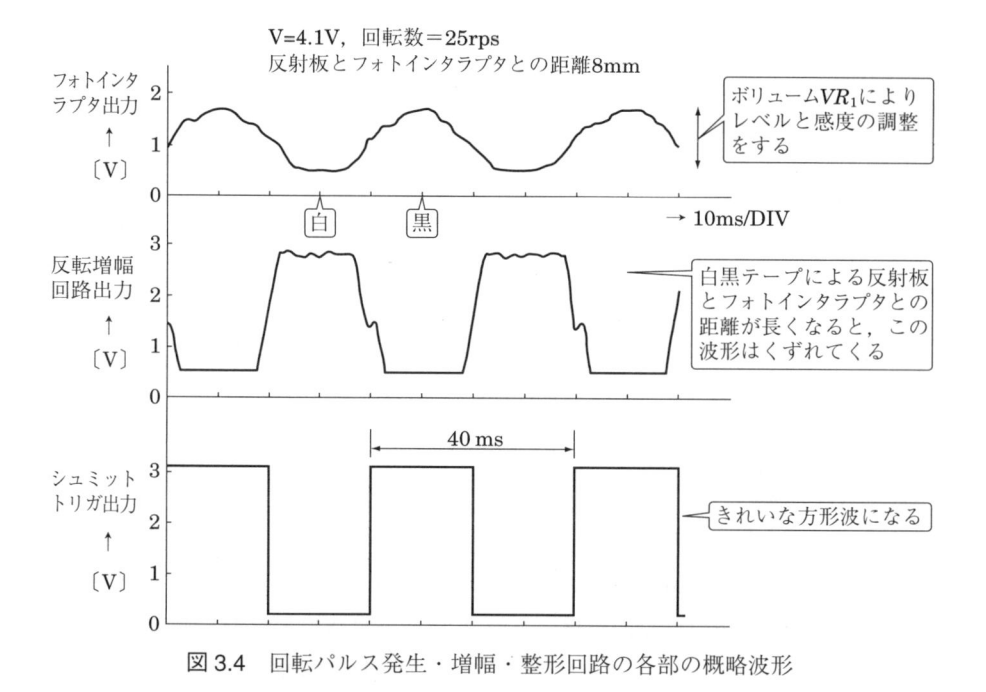

→ 10ms/DIV

白　黒

反転増幅回路出力 [V] ／ 白黒テープによる反射板とフォトインタラプタとの距離が長くなると，この波形はくずれてくる

40 ms

シュミットトリガ出力 [V] ／ きれいな方形波になる

図3.4　回転パルス発生・増幅・整形回路の各部の概略波形

フォトインタラプタ回路

図3.5のように，反射型フォトインタラプタは，発光素子（主に赤外発光ダイオード）と受光素子（フォトトランジスタ）を1つのパッケージに組み込んだ光センサである。

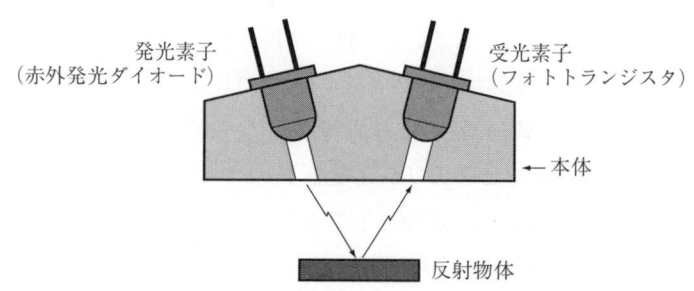

発光素子（赤外発光ダイオード）　　受光素子（フォトトランジスタ）

←本体

反射物体

図3.5　反射型フォトインタラプタ

3.2 簡易回転計の制御回路

赤外発光ダイオードから発射した**近赤外線**は，反射物体で反射され，フォトトランジスタに入射する。反射物体が白ければ反射光は強く，フォトトランジスタのコレクタ電流は大きくなる。反射物体が黒ければ反射光は弱いため，コレクタ電流は小さくなる。

図3.4のフォトインタラプタの出力波形では，反射物体が白いとき，フォトトランジスタのコレクタ電流が大きいので，負荷抵抗での電圧降下が大きくなり，フォトインタラプタの出力電圧は小さい。反射物体が黒いときは，コレクタ電流が小さくなり，負荷抵抗での電圧降下は小さく，フォトインタラプタの出力電圧は大きくなる。このようにして，1つのパルスを作っている。

反転増幅回路

オペアンプを利用した**反転増幅回路**は，単一電源のため，20kΩと15kΩの抵抗でオペアンプの（+in）の電位を2V程度に**バイアス**している。このため，図3.4の反転増幅回路の出力波形は，プラスの領域でパルスを形成している。ボリューム VR_2 の値を大きくすることにより，**電圧増幅度**は大きくなり，出力波形は飽和状態になる。

反転増幅回路の電圧増幅度 A_f は，$A_f = -R_2/R_1$ で与えられる。ここでマイナスの記号は**位相反転**を意味する。

シュミットトリガ回路

図3.6のシュミットトリガの入出力電圧特性において，入力電圧を増加させていくと，V_{iH} で出力電圧は "L" から "H" に反転する。入力電圧をさらに増加させたあと入力電圧を減少させていくと，出力電圧は V_{iL} で "H" から "L" に反転する。このときの V_{iH} を**正のトリガ電圧**，V_{iL} を**負のトリガ電圧**といい，この V_{iH} と V_{iL} の差の電圧を**ヒステリシス電圧** V_H という。

図3.7のような入力波形が普通のバッファに入ったとき，出力波形はスレッショルド付近の雑音電圧で反転し，不必要なパルスを発生してしまう。シュミットトリガ回路では，V_{iH} と V_{iL} とで反転し，雑音電圧の振幅がヒステリシス電圧 V_H

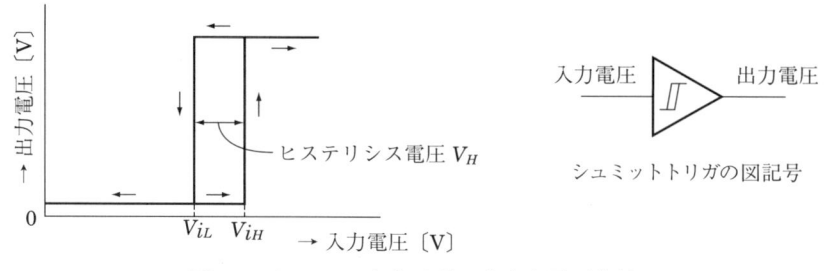

図 3.6　シュミットトリガの入出力電圧特性

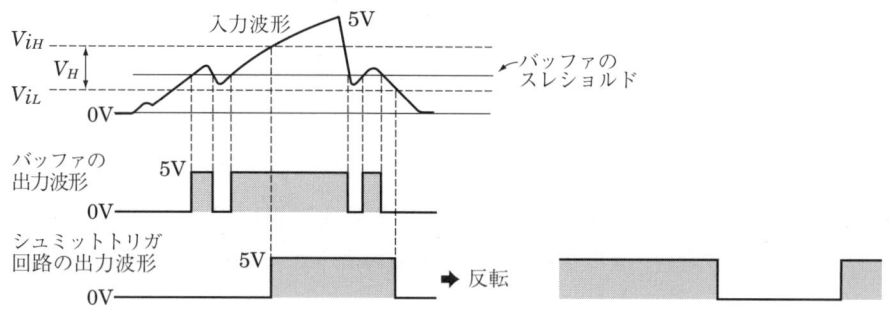

図 3.7　シュミットトリガ回路による波形整形

以下の大きさなら，誤りパルスは発生しない．出力波形は**波形整形**されたきれいな方形波となる．

図 3.4 のフォトインタラプタの出力波形によっては，反転増幅回路の出力波形がくずれ，図 3.7 の入力波形のようになることもある．このため，誤りパルスを発生させないようにシュミットトリガ回路を使用する．

図 3.3 のシュミットトリガ回路は，図 3.7 のシュミットトリガ回路の出力波形をさらに反転させている．図 3.4 のシュミットトリガ出力波形は，反転増幅回路の出力波形を位相反転させ，きれいな方形波に波形整形されている．

3.3　7セグメント表示器

図 3.3 の簡易回転計の制御回路では，3 桁表示の 7 セグメント表示器を使用している。7 セグメント LED NKR161 (C-551SR) はカソードコモンといい，LED のカソードが共通になっている。例えば，4 を表示させるには，a〜g までのセグメントのうち，b，c，f，g のセグメント LED に，電流制限用の抵抗を通して電流を流せばよい。ピン番号 6，4，9，10 を "H" にし，3 または 8 (カソードコモン) を "L" にする。カソードコモン端子には，各セグメントの電流が集中するので，トランジスタによる**電流増幅作用**を利用している。

表 3.1 は，0〜9 までの 10 進数表示と PORTB 出力，各セグメント LED の対応を示す。

図 3.3 において，3 つの 7 セグメント LED は，並列に接続され，7 つの電流制限用の抵抗を共有している。このため，7 セグメント LED の点灯制御を，例えば，1 桁目，2 桁目，3 桁目，1 桁目，……のように，順番に繰り返し点灯さ

表 3.1　10 進数表示と PORTB 出力，各セグメント LED の対応

	RB6	RB5	RB4	RB3	RB2	RB1	RB0	RORTB 出力	10進表示数
D_P	g	f	e	d	c	b	a		
0	0	1	1	1	1	1	1		0
0	0	0	0	0	1	1	0		1
0	1	0	1	1	0	1	1		2
0	1	0	0	1	1	1	1		3
0	1	1	0	0	1	1	0		4
0	1	1	0	1	1	0	1		5
0	1	1	1	1	1	0	0		6
0	0	0	0	0	1	1	1		7
0	1	1	1	1	1	1	1		8
0	1	1	0	0	1	1	1		9

```
                    ON
PORTB        ┌──────┬──────┬──────┬──────┐
データ出力    │ 1桁目 │ 2桁目 │ 3桁目 │ 1桁目 │
             └──────┴──────┴──────┴──────┘
              ← 3ms →  OFF   7.5ms
```

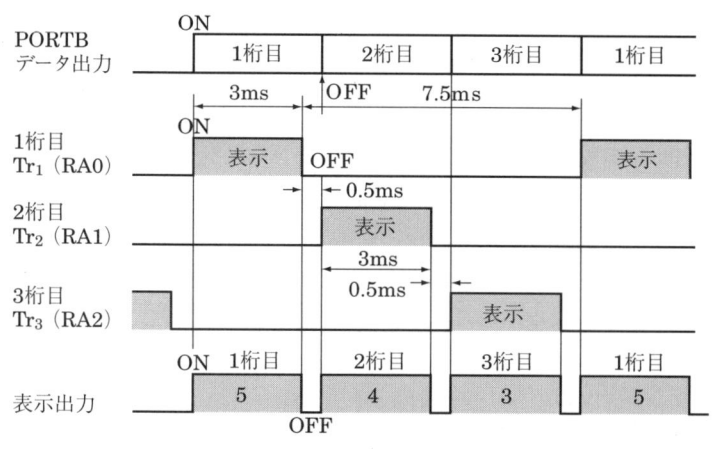

図3.8　ダイナミック点灯制御のタイムチャート

せる。これは，各7セグメントLEDのカソードコモン端子に接続されているトランジスタのON–OFFを切り替えればよい。このような点灯制御を**ダイナミック点灯制御**と呼んでいる。

図3.8は，ダイナミック点灯制御のタイムチャートである。図3.3の回路図と図3.8によって，ダイナミック点灯制御の動作を見てみよう。

ダイナミック点灯制御の動作

❶ 3桁の数字を345と表示することにする。

❷ 1桁目の5を表示させるには，a, c, d, f, gの各セグメントLEDをONにする。表3.1から，PORTBデータ出力を"0110 1101"とする。

❸ 同時にRA0を"H"にし，1桁目のトランジスタTr_1をONにする。a, c, d, f, gの各セグメントLEDを点灯させる電流は，コレクタ電流となってTr_1に流れる。

❹ delay_ms関数を使用し，1桁目の5を表示する時間を3msとする。

❺ ここで，PORATをクリアし，Tr_1をOFFにする。delay_us関数を使用し，0.5msの空白時間を挿入する。

❻ 次に，2桁目の4を表示する。4を表示させるには，b, c, f, g の各セグメント LED を ON にする。表3.1から，PORTB データ出力を"0110 0110"とする。

❼ 同時に RA1 を"H"にし，2桁目のトランジスタ Tr_2 を ON にする。

❽ delay_ms 関数に使用し，2桁目の4を表示する時間を 3ms とする。

❾ ここで，PORTA をクリアし，Tr_2 を OFF にする。delay_us 関数を使用し，0.5ms の空白時間を挿入する。

❿ 3桁目の3の表示も同様で，PORTB データ出力は"0100 1111"である。

⓫ 以上のように，3ms 間隔という高速で，各7セグメント LED の繰返し点灯制御をしている。

⓬ 3ms という短時間だけ，各桁の7セグメント LED は点灯していることになるが，人間の目には残像現象があり，繰返し点灯制御のため，連続して各桁が点灯しているように見える。

⓭ PIC と7セグメント表示器が離れているようなとき，リード線の信号の遅れにより，前の桁が次の桁に一瞬表示されて，表示がちらつくことがある。このような場合，3つのトランジスタを OFF にし，delay_us 関数を使用して，どの桁も表示しない各桁の OFF 時間を入れるとよい。

⓮ 図3.8では，前の桁表示が残らないように，0.5ms の空白時間がある。

3.4 タイマ0の内部構成

図3.9は，タイマ0の内部構成をブロック図で表したものである。TMR0（タイマ0）は8ビットのタイマ/カウンタで，8ビットのプリスケーラが付いている。プリスケーラの前段に，内部命令クロックと外部クロックの切替えがある。

プリスケーラとは，TMR0（タイマ0）の前段にある8ビットのカウンタで，OPTION_REG レジスタの設定により，次のような働きがある。

（1）8ビットのカウンタとなっているので，最大256カウントのプリスケー

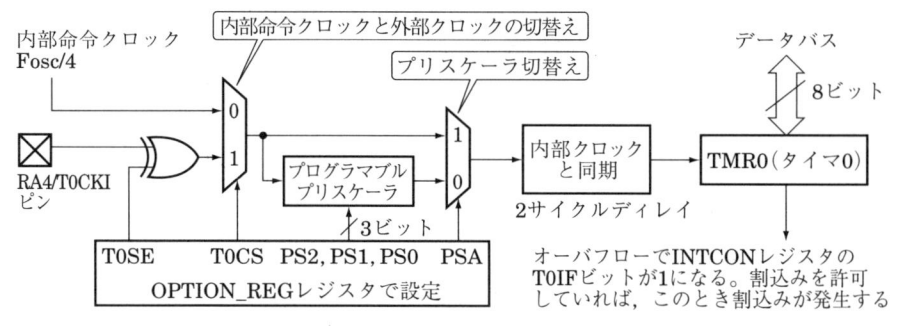

図3.9 タイマ0の内部構成

ルができる。

(2) PS2, PS1, PS0 の3ビットを000, 001〜110, 111 と切り替えることにより，2, 4, 8, 16, 32, 64, 128, 256 の8通りの**プリスケール値**を指定できる。

(3) 例えば，プリスケール値を256にすると，プリスケーラのカウント数256回で，TMR0 のカウンタが1回数えられることになり，全カウント数は256倍になる。

ここで，TMR0（タイマ0）について述べよう。

(1) TMR0 は8ビットのカウンタなので，これだけだと $2^8 = 256$ カウントが最大値であるが，プリスケール値を256にすると，$256 \times 256 = 65\,536$ カウントが最大値になる。

(2) TMR0 へクロックが入力されると，TMR0 レジスタの内容は00h, 01h, ……とインクリメントし，FFh の後は00h へ戻る。FFh から00h にオーバフローしたとき，割込みを許可していれば，この時点で**割込み**が発生する。

3.5 プログラムの作成

図3.10は簡易回転計のフローチャートであり，そのプログラムをプログラム3.1に示す。

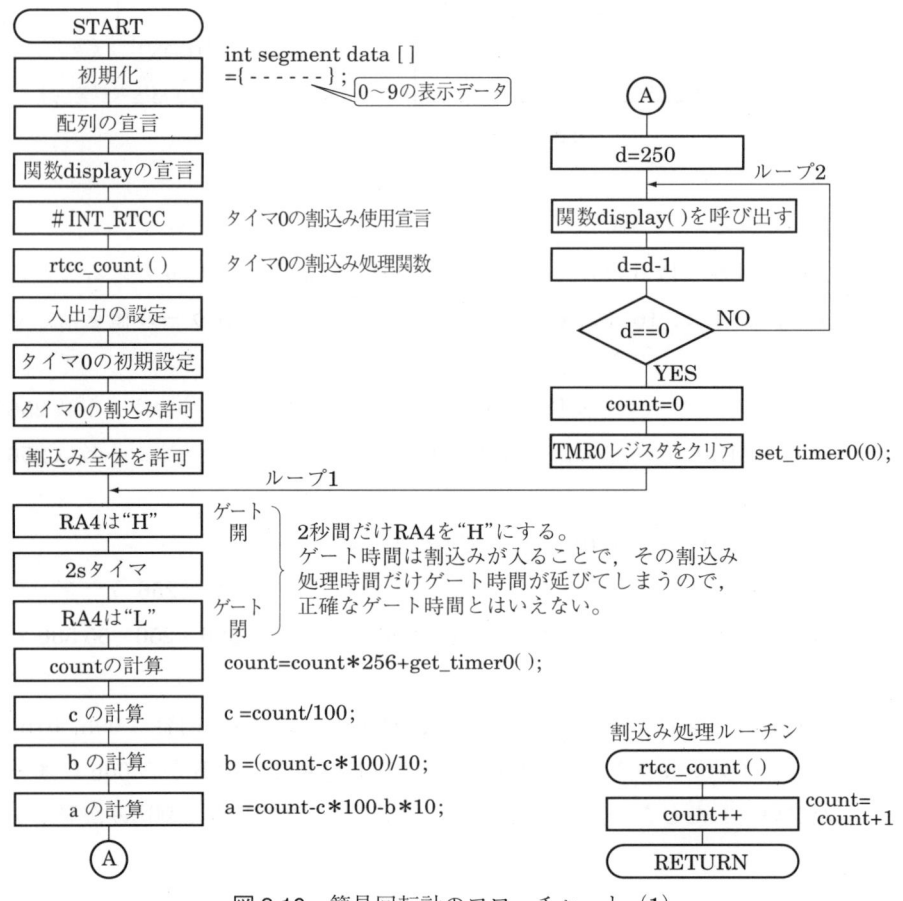

```
START
↓
初期化        int segment data [ ]
              ={ - - - - - - };  0〜9の表示データ
↓
配列の宣言
↓
関数displayの宣言
↓
#INT_RTCC     タイマ0の割込み使用宣言
↓
rtcc_count ( ) タイマ0の割込み処理関数
↓
入出力の設定
↓
タイマ0の初期設定
↓
タイマ0の割込み許可
↓
割込み全体を許可
↓           ←──────── ループ1
RA4は"H"  ┐ゲート
          │開     2秒間だけRA4を"H"にする。
2sタイマ   │      ゲート時間は割込みが入ることで，その割込み
          │      処理時間だけゲート時間が延びてしまうので，
RA4は"L"  ┘ゲート 正確なゲート時間とはいえない。
           閉
↓
countの計算   count=count*256+get_timer0( );
↓
c の計算      c =count/100;
↓
b の計算      b =(count-c*100)/10;
↓
a の計算      a =count-c*100-b*10;
↓
(A)

(A)
↓
d=250
↓           ←──── ループ2
関数display( )を呼び出す
↓
d=d-1
↓
<d==0> ──NO──┐
  │YES       │
  │          │(戻る)
count=0
↓
TMR0レジスタをクリア   set_timer0(0);
```

割込み処理ルーチン
```
rtcc_count ( )
↓
count++         count=count+1
↓
RETURN
```

図3.10 簡易回転計のフローチャート（1）

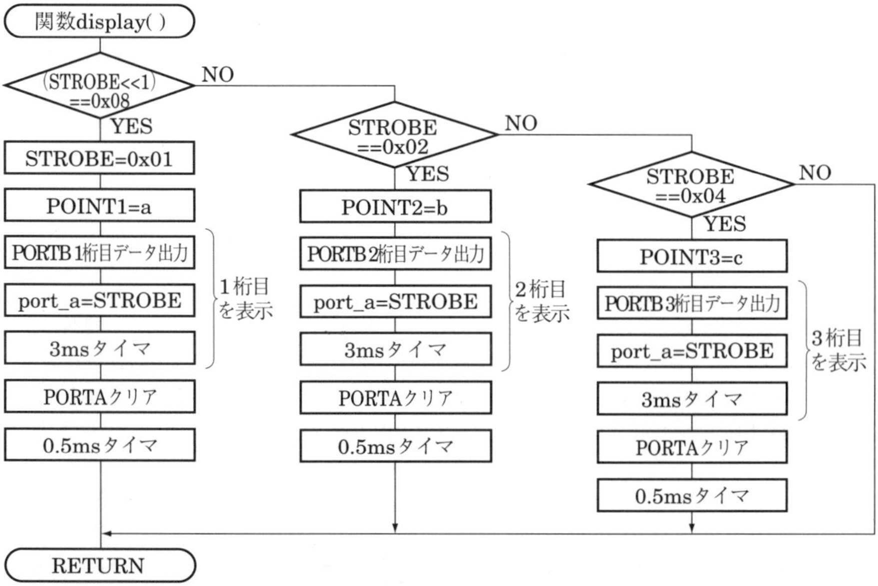
関数display( )
(STROBE<<1)
==0x08
NO
YES
STROBE=0x01
POINT1=a
PORTB 1桁目データ出力
port_a=STROBE
3msタイマ
PORTAクリア
0.5msタイマ
1桁目
を表示
STROBE
==0x02
NO
YES
POINT2=b
PORTB 2桁目データ出力
port_a=STROBE
3msタイマ
PORTAクリア
0.5msタイマ
2桁目
を表示
STROBE
==0x04
NO
YES
POINT3=c
PORTB 3桁目データ出力
port_a=STROBE
3msタイマ
PORTAクリア
0.5msタイマ
3桁目
を表示
RETURN

図 3.10　簡易回転計のフローチャート（2）

プログラム 3.1　簡易回転計

```
#include <16f84a.h>
#fuses HS,NOWDT,PUT,NOPROTECT
#use delay(clock=10000000)
#byte port_a=5
#byte port_b=6
long count,a,b,c,d;
int STROBE=0x04;
int POINT1=0;
int POINT2=0;
int POINT3=0;                 0    1    2    3    4    5    6
                              ↓    ↓    ↓    ↓    ↓    ↓    ↓
int segment_data[]={0x3f,0x06,0x5b,0x4f,0x66,0x6d,0x7c,
                    0x07,0x7f,0x67};
                    ↑    ↑    ↑
                    7    8    9
void display();      ……………………………………関数 display の宣言
```

```
#INT_RTCC            ………………………………………タイマ0の割込み使用宣言
rtcc_count()         ………………………………………タイマ0の割込み処理関数
{
  count++;           ……………………………………………countのインクリメント
}
main()
{
  set_tris_a(0x10);
  set_tris_b(0);                                     タイマ0の
  setup_timer_0(RTCC_EXT_L_TO_H | RTCC_DIV_2);  ……初期設定
  enable_interrupts(INT_RTCC);   …………………………タイマ0の割込み許可
  enable_interrupts(GLOBAL);     ……………………………割込み全体を許可
  while(1)           …………………………………………………………ループ1
  {
    output_high(PIN_A4);   …………………………………………RA4は"H"
    delay_ms(2000);        …………………………………………2sタイマ
    output_low(PIN_A4);    …………………………………………RA4は"L"
    count=count*256+get_timer0();  ……………………………countの計算
    c=count/100;
    b=(count-c*100)/10;
    a=count-c*100-b*10;
    d=250;
    while(1)         …………………………………………………………ループ2
    {
      display();     ……………………………………………関数display()を呼び出す
      d=d-1;         …………………………………………d-1をdに代入(デクリメント)
      if(d==0)
      {
        count=0;     ……………………………………………d==0ならcountをクリア
        set_timer0(0);   ………………………………………TMR0レジスタをクリア
        break;       ………………………………………………………ループ2を脱出
      }
    }
  }
}
void display()       …………………………………………………関数displayの本体
{
```

```
  if((STROBE<<=1)==0x08)
  {
    STROBE=0x01;
    POINT1=a;
    port_b=segment_data[POINT1];
    port_a=STROBE;
    delay_ms(3);
    port_a=0;
    delay_us(500);
  }
  if(STROBE==0x02)
  {
    POINT2=b;
    port_b=segment_data[POINT2];
    port_a=STROBE;
    delay_ms(3);
    port_a=0;
    delay=us(500);
  }
  if(STROBE==0x04)
  {
    POINT3=c;
    port_b=segment_data[POINT3];
    port_a=STROBE;
    delay_ms(3);
    port_a=0;
    delay_us(500);
  }
}
```

● 解説

long count, a, b, d;

long（16 ビット符号なし）型宣言。$2^{16}=65\,536$ なので，long 型の値の範囲は $0 \sim 65\,535$ となる。

int STROBE=0x04;

 int（8ビット符号なし）型変数の定義と初期化をする。

int segment_data[]={0x3f, 0x06, ……0x7f, 0x67};

 int型配列の定義と0〜9を表示させる内容。配列名はsegment_dataという。

void display();

 displayと名付けた関数は戻り値なしというプロトタイプ宣言をする。

#INT_RTCC

 割込み用に用意されたプリプロセッサコマンド「#INT_xxx」の1つである。RTCC（Real Time Clock/Counter）はタイマ0の別称であり、ここではタイマ0の割込み使用宣言をする。

rtcc_count() ------タイマ0の割込み処理関数。

{

 count++;

}

 TMR0（タイマ0）は8ビットのカウンタなので、カウント数が$2^8=256$になるとオーバフローし、割込みが発生する。その結果、countのインクリメントをする。count++;はcount=count+1;の意味である。

setup_timer_0（RTCC_EXT_L_TO_H | RTCC_DIV_2）;

 この関数は、RTCC（タイマ0）の初期設定をする。

   RTCC_EXT_L_TO_H：タイマ0は外部クロックと内部クロックを使用できるが、ここでは、外部クロックの立上がりエッジを指定する。

   RTCC_DIV_2 ：内部クロックを1/2に分周して使用する。すなわち、プリスケール値を2に指定する。

enable_interrupts(INT_RTCC);

 この関数は、割込みのイネイブル（有効）を任意の割込み要因で設定する。ここでは、INT_RTCCなので、タイマ0割込みを許可する。

enable_interrupts(GLOBAL);

GLOBAL を実行することで，設定したタイマ0割込み要因が発生すると，割込みがかかるようになる。

{
output_high(PIN_A4); ------クロック入力ピン RA4 を"H"にし，ゲートを開く。
delay_ms(2000); ------------2秒タイマ。この間，ゲートは開いている。
output_low(PIN_A4); ------クロック入力ピン RA4 を"L"にし，ゲートを閉じる。
}

図3.11 は，ゲートとカウントの原理である。ここで，ゲートとカウントの動作を見てみよう。

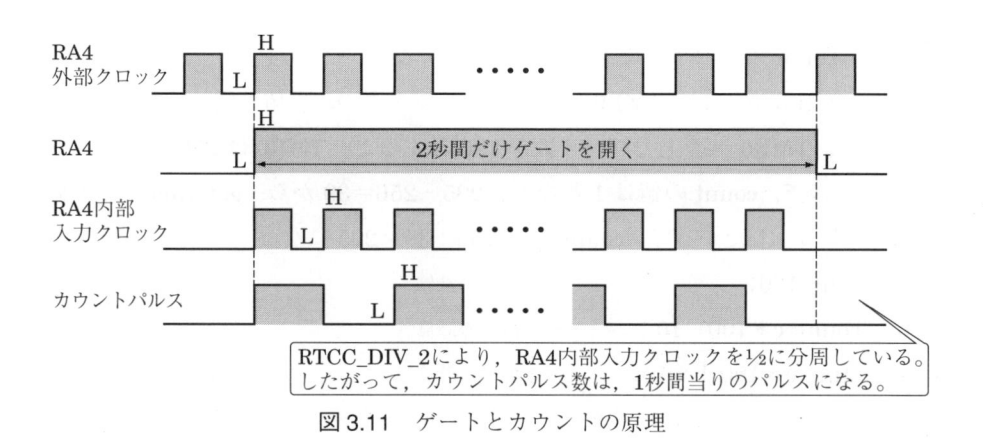

RA4
外部クロック

RA4

RA4内部
入力クロック

カウントパルス

2秒間だけゲートを開く

RTCC_DIV_2により，RA4内部入力クロックを1/2に分周している。したがって，カウントパルス数は，1秒間当りのパルスになる。

図3.11 ゲートとカウントの原理

ゲートとカウントの動作

❶ 外部クロック入力ピン RA4 には，回転パルス発生・増幅・整形回路からパルスが入力する。

❷ RA4 ピンを2秒間だけ"H"にし，ゲートを開く。

❸ このゲートが開いている2秒間に，RA4 内部入力クロックが入る。

❹ 例えば，RA4 内部入力クロック数が，2秒間に50としよう。

❺ RTCC_DIV_2 により，RA4 内部入力クロックを1/2に分周（プリス

ケーラ値は 2) しているので，50/2＝25 がカウント数になる。

❻ この 25 が 1 秒間当りのパルス数となり，回転計の 1 秒間当りの回転数〔rps〕になる。

count=count＊256+get_timer0();

TMR0（タイマ 0）はカウント数が $2^8=256$ になるとオーバフローし，タイマ 0 割込み処理関数

  rtcc_count()

  {

    count＋＋;

  }

により，count の値は 1 だけインクリメントする。

  get_timer0();→ TMR0（タイマ 0）レジスタの現在値の読込みをする。

例えば，TMR0 への入力パルス数が 295 とすると，TMR0 は 256 でオーバフローするので，count の値は 1 となり，295−256＝39 から，get_timer() の値は 39 になる。したがって，count＝1×256+39＝295 になる。

 c＝count/100; --------------------3 桁目の計算

 b＝(count-c＊100)/10; ------2 桁目の計算

 a＝count-c＊100-b＊10; ------1 桁目の計算

ここで，例えば，count＝295 のときの c，b，a を求めてみよう。

c＝295/100＝2.95 と計算できるが，c は実数型（float）ではなく，long 型なので，2.95 の小数点以下は切り捨てられ，c＝2 になる。

同様にして，b＝(295−2×100)/10＝9.5 → b＝9

    a＝295−2×100−9×10＝5 → a＝5

display();

 関数 display を呼び出す。

 void display() ------ 戻り値なしの関数 display の本体。

 {

 }

if(((STROBE<<=1)==0x08)　　---ビット代入演算子<<=は，STROBEの値を1だけ左シフトし，STROBEに代入。このSTROBEの値が0x08に等しくなったとき，次に行く。

{

　　STROBE=0x01;　　----------0x01をSTROBEに代入。

　　POINT1=a;　　----------aの値をPOINT1に代入。

　　port_b=segment_data[POINT1];　　-----segment_dataの値をPORTBに出力。

　　port_a=STROBE;　　--------STROBEの値をPORTAに出力。

　　delay_ms(3);　　-------------3msの時間をつくる。

　　port_a=0;　　-----------------PORTAをクリア。 ⎫

　　delay_us(500);　　----------500μs=0.5msの時間をつくる。 ⎬ 前の桁表示が残らないように0.5msの空白時間を挿入する。

}

4. 周波数カウンタ

　入力端子が1つで，測定周波数範囲によるレンジの切替えもない，簡単な周波数カウンタを製作する。このため，測定周波数は0～4MHz程度である。回路の構成は，PIC回路・入力増幅回路・ゲート信号発生回路・液晶表示器および電源回路による。ゲート信号発生回路もPIC16F84Aを使用し，プログラムにより発生パルスの周期を微調整できるようになっている。

　周波数カウンタ回路の動作とプログラムの作成で難しいのは，液晶表示器の取り扱いである。このため，液晶表示器への書込み動作，初期化については，表やタイムチャートおよびフローチャートを使い，できるだけわかりやすく解説したつもりである。

4.1　周波数カウンタ回路

　図4.1は，周波数カウンタ回路である。この周波数カウンタの測定周波数は0～4MHz程度，入力信号電圧は実効値で30mV～7V程度になっている。周波数カウンタの外観を図4.2に示す。

　ここで，周波数カウンタを構成する各回路について見てみよう。

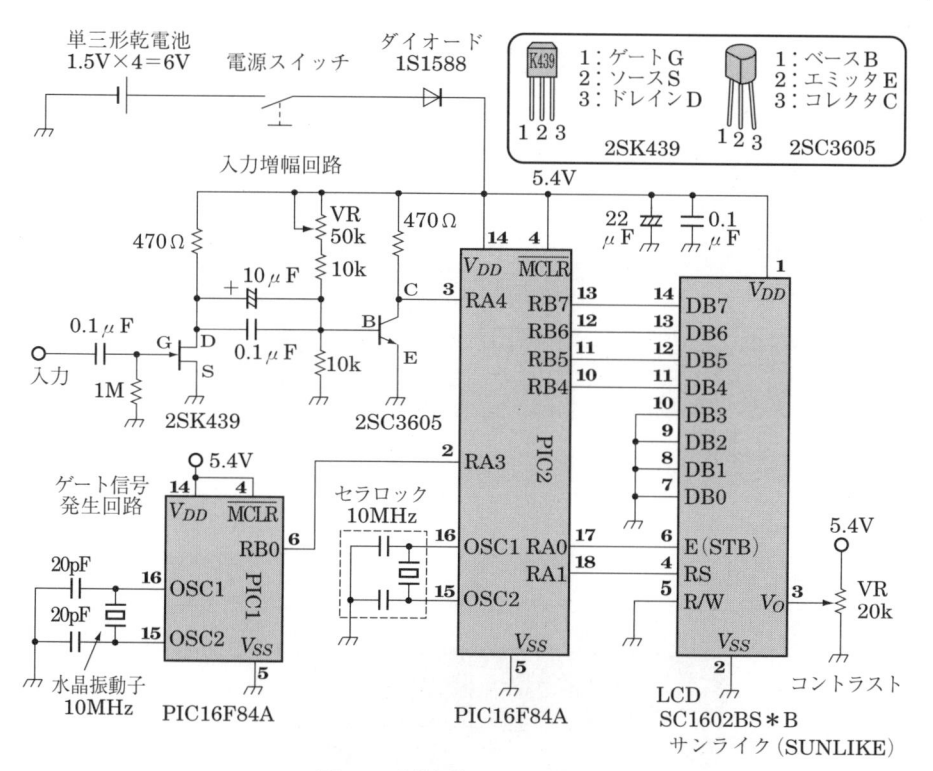

図 4.1　周波数カウンタ回路

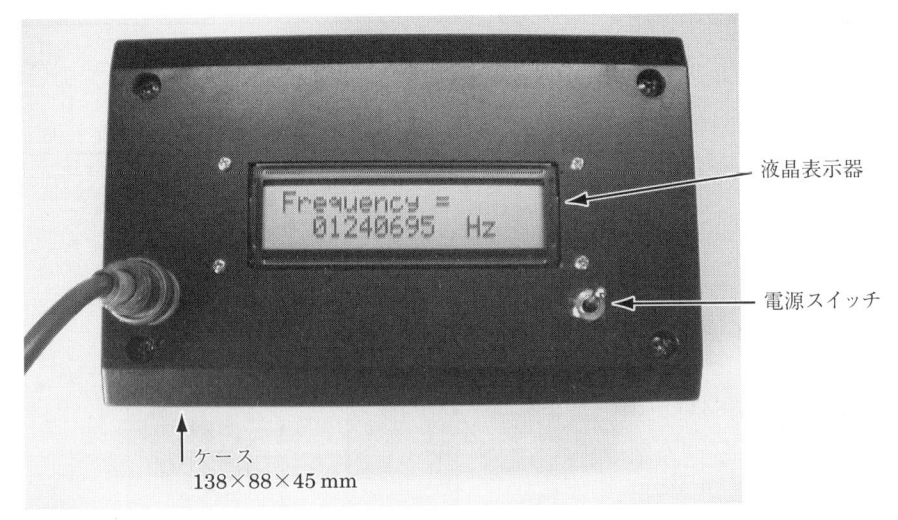

(a) 外観

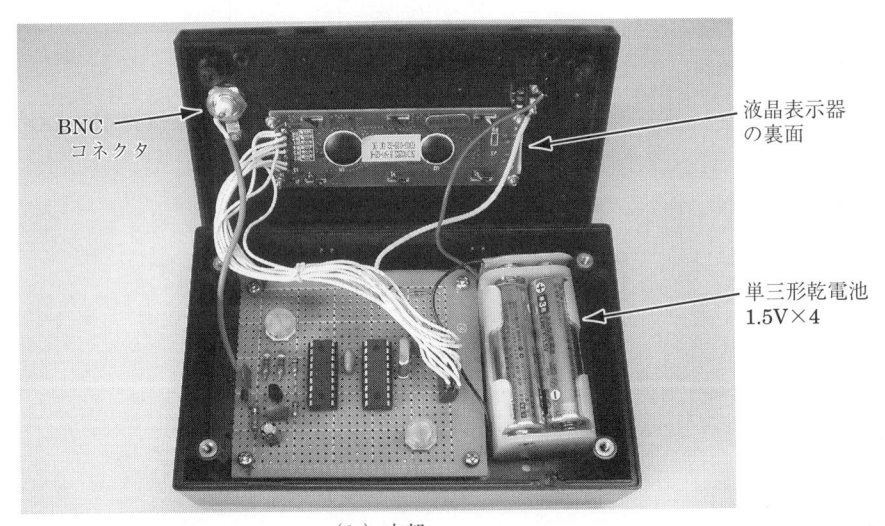

液晶表示器
電源スイッチ
↑ケース
138×88×45 mm

(b) 内部

BNCコネクタ
液晶表示器の裏面
単三形乾電池
1.5V×4

図 4.2 周波数カウンタの外観

直流電源回路

　三端子レギュレータ 78L05 を使用した**定電圧電源回路**により，アルカリ乾電池 006P（9V）から出力電圧 5V を得る方法でもよいが，電池の消耗を考えて，**単三形乾電池 4 本**を使用する。このままだと，電圧は 1.5V×4＝6V になるので，電源回路に挿入したダイオードの電圧降下を利用し，液晶表示器の最大供給電圧 5.3V にほぼ一致させている。

ゲート信号発生回路

　ゲート信号発生回路は，PIC16F84A を使用して，プログラムによって図 4.3 に示すようなゲート信号を作っている。

　高精度な発振周波数が必要となるので，クロック回路の振動子には，セラミック振動子（セラロック）ではなく，10MHz の水晶振動子を使用する。

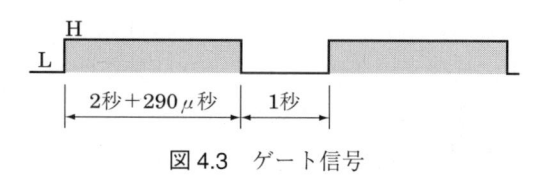

図 4.3　ゲート信号

入力増幅回路

　入力増幅回路は，測定周波数を 0〜4MHz 程度にしているので，**周波数特性**のよい**電界効果トランジスタ（FET）**2SK439 とトランジスタ 2SC3605 の 2 段増幅回路になっている。

　測定回路の出力波形が歪んだりすることを防ぐために，入力増幅回路の初段には入力インピーダンスの高い FET と 1MΩ の抵抗を使用する。また，2 段目のトランジスタとの間に，直流分カット用の**結合コンデンサ**を 2 つ入れている。セラミックコンデンサと電解コンデンサを並列接続し，低周波から高周波まで増幅することができる。

入力正弦波
最大値0.2V
周波数50kHz

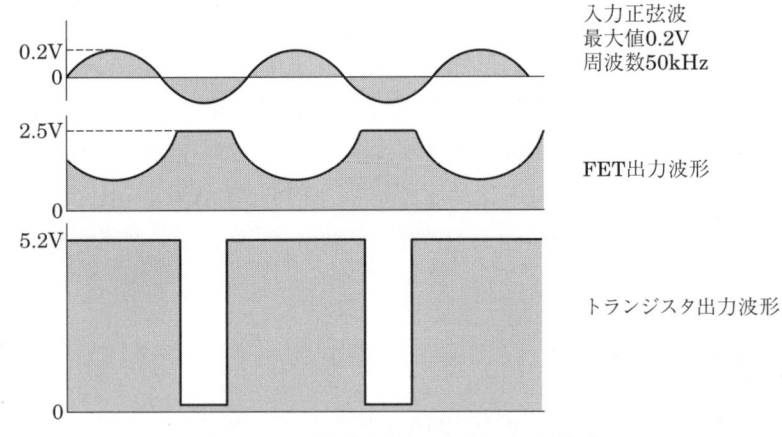

FET出力波形

トランジスタ出力波形

図 4.4　入力増幅回路の各部の概略波形

ボリューム VR は，直流レベルの感度調整に利用する。とりあえず，VR の大きさは，最大の 50kΩ にしてある。

図 4.4 は，周波数 $f=50kHz$，最大値 0.2V の正弦波交流を入力とした，入力増幅回路の FET 出力およびトランジスタ出力（RA4 入力）の波形である。小さな入力電圧が FET で反転増幅され，さらにトランジスタで反転増幅されている。トランジスタ出力電圧は飽和状態になっている。

PIC の RA4 ピンの L レベル入力は 1V 以下，H レベル入力は 4V 以上必要である。図 4.4 のトランジスタ出力（RA4 入力）は，上記のレベルを満たしている。

液晶表示器

液晶表示器（LCD：Liquid Crystal Display）は，7 セグメント LED のように自ら発光する素子とは異なり，電極間に電圧が印加されると，液晶内に発生する電界の作用で，液晶物質の分子が結晶のように規則正しく配列し，光の透過率や反射率が変化して文字や数字を表す装置である。

図 4.5 は，16 文字×2 行の液晶表示器 SC1602BS＊B（バックライトなし）の外観である。この表示器のピン番号と記号・機能を表 4.1 に示す。

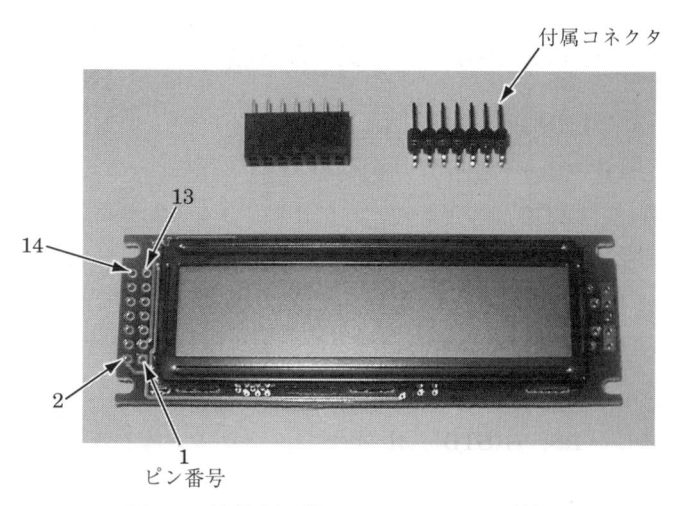

図 4.5　液晶表示器 SC1602BS＊B の外観

表 4.1　液晶表示器 SC1602BS＊B のピン番号と記号・機能

No.	記号	機能	
1	V_{DD}	電源 5V	$V_{DD}-V_{SS}$　Min. 4.7V Typ. 5V Max. 5.3V
2	V_{SS}	GND 0V	
3	V_0	コントラスト調整　　VR　20kΩ使用	
4	RS	レジスタ選択　　　H：データ入力　L：制御コード入力	
5	R/W	リード/ライト選択　H：データリード　L：制御コード入力	
6	E (STB)	イネーブル信号　　H：ストローブ（STB）H→L	
7	DB0	データバス下位	8ビットモードのとき使用する。(本書では4ビットモードにするので，DB0〜DB3 は GND に接続)
8	DB1		
9	DB2		
10	DB3		
11	DB4	データバス上位	DB4〜DB7 は PIC の RB4〜RB7 に接続
12	DB5		
13	DB6		
14	DB7		

注意：4行表示の液晶表示器 SC2004CS＊B の場合，V_{DD} は2番ピン，V_{SS} は1番ピンになっている。あとのピン配置は SC1602BS＊B と同じである。

4.1　周波数カウンタ回路

4.2 PIC16F84AとLCDの接続

PIC16F84AとLCDの接続は図4.1の通りであるが，この接続部分だけを取り出すと，図4.6のようになっている。

図4.6において，LCDは，8本のデータピンと3本の制御ピン，電源端子，コントラスト調整端子から構成される。データピンは上位4ビットDB4〜DB7だけを使い，残りの下位4ビットDB0〜DB3はGNDに接続する。このため，8ビットのデータを送受信するときには2回に分けて行う必要がある。このように本書では，4ビットモードによるインタフェース方式にしている。

3本の制御ピンRS，E(STB)，R/Wとコントラスト調整端子V_0は，次のような働きをする。

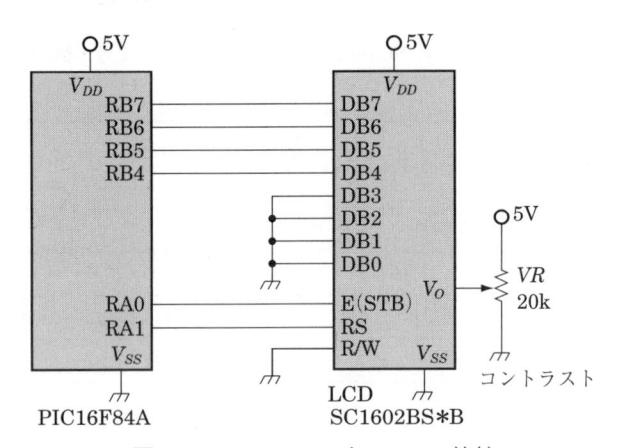

図4.6　PIC16F84AとLCDの接続

RS（Register Select）と R/W（Read/Write）

　表4.1に示すように，RS は LCD 内のレジスタを選択し，R/W はデータのリードやライトを選択する。本書では LCD への書込みしか使わないので，R/W 端子はライトの L レベルに固定している。このため，図4.6では，R/W 端子は GND に接続している。

　R/W 端子を L にして RS 端子を H にすると，表示データ入力となり，RS 端子を L にすると制御コード入力になる。図4.6では，PIC の RA1 ピンの出力信号によって，RS の H, L を切り換えている。

E（STB）

　表4.1に示すように，E（STB）はイネーブル信号である。E 端子を Low→High→Low のトグル動作をさせると，H から L レベルになるダウンエッジのタイミングで，LCD 内のレジスタにデータが書き込まれる。SC1602B＊B の E 信号は，220ns 以上のパルス幅があればよい。図4.6では，PIC の RA0 ピンの出力信号によって，E（STB）の H, L を切替えている。

コントラスト調整端子

　図4.6のように，コントラスト調整端子 V_0 にボリューム VR を接続すると，文字のコントラストが調整できる。

　図4.7は，LCD への書込み動作のタイムチャートである。RS は H, R/W は L の場合，E 信号が H→L のタイミングで，DB4〜DB7 の表示データは LCD に書き込まれる。

　RS, R/W ともに L の場合，E 信号が H→L のタイミングで DB4〜DB7 の制御コードは LCD に書き込まれる。

　本書では，4ビットモードのインタフェース方式を採用しているので，1バイトのデータは，上位4ビット，下位4ビットの順番で，2回に分けて書き込む必要がある。

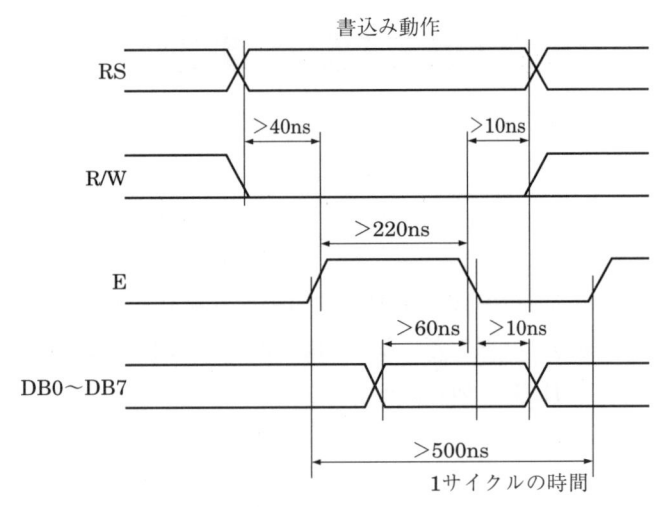

```
                  書込み動作
         ┌────────────────┐
RS  ─────┤                ├─────
         │  >40ns   >10ns │
R/W ─────┤                ├─────
                >220ns
              ┌──────┐   ┌──
E   ──────────┘      └───┘
                >60ns >10ns
DB0~DB7 ──────────⟨      ⟩────
                >500ns
              1サイクルの時間
```

図 4.7　書込み動作のタイムチャート

4.3　LCD の初期化

　LCD は，内部に動作制御用のマイクロコントローラが内蔵されている。このマイクロコントローラにさまざまな動作環境を設定する**初期化**が必要となる。4 ビットモードと 8 ビットモードの初期化手順がメーカから推奨されている。ここでは，本書で使用する 4 ビットモードの**初期化手順**を図 4.8 に示す。

　図 4.8 で使用した主な**インストラクション**を表 4.2 に示す。

```
                    ┌─────────┐
                    │ 電源 ON  │
                    └────┬────┘
         ┌──────────────────────────────┐
         │ 電源が4.5Vになってから15ms以上待つ │
         └──────────────────────────────┘
```

RS	R/W	DB7	DB6	DB5	DB4
0	0	0	0	1	1

8ビットモード設定 0x30

```
              4.1 ms 以上待つ
```

RS	R/W	DB7	DB6	DB5	DB4
0	0	0	0	1	1

8ビットモード設定 0x30

```
              100 μs 以上待つ
```

RS	R/W	DB7	DB6	DB5	DB4
0	0	0	0	1	1

8ビットモード設定 0x30

```
               1 ms タイマ
```

RS	R/W	DB7	DB6	DB5	DB4
0	0	0	0	1	0

4ビットモード設定 0x20

```
               1 ms タイマ
```

Functionの設定 0x2C

RS	R/W	DB7	DB6	DB5	DB4	DB3	DB2	DB1	DB0
0	0	0	0	1	0	1	1	0	0
					DL	N	F		

を上位4ビット，下位4ビットの順で書き込む

DL：データ長 $\begin{cases} 1:8ビット \\ 0:4ビット \end{cases}$

N：ディスプレイ行 $\begin{cases} 1:2行 \\ 0:1行 \end{cases}$

F：キャラクタフォント $\begin{cases} 1:5×10ドット \\ 0:5×7ドット \end{cases}$

Display OFF制御 0x08

RS	R/W	DB7	DB6	DB5	DB4	DB3	DB2	DB1	DB0
0	0	0	0	0	0	1	0	0	0
							D	C	B

を上位4ビット，下位4ビットの順で書き込む

Display ON制御 0x0D

RS	R/W	DB7	DB6	DB5	DB4	DB3	DB2	DB1	DB0
0	0	0	0	0	0	1	1	0	1
							D	C	B

を上位4ビット，下位4ビットの順で書き込む

D：全ディスプレイON/OFF $\begin{cases} 1:ON \\ 0:OFF \end{cases}$

C：カーソルのON/OFF $\begin{cases} 1:ON \\ 0:OFF \end{cases}$

B：カーソルの点滅 $\begin{cases} 1:ON \\ 0:OFF \end{cases}$

Entry Mode セット 0x06

RS	R/W	DB7	DB6	DB5	DB4	DB3	DB2	DB1	DB0
0	0	0	0	0	0	0	1	1	0
								I/D	S

を上位4ビット，下位4ビットの順で書き込む

I/D：カーソルの移動方向 $\begin{cases} 1:インクリメント \\ 0:デクリメント \end{cases}$

S：表示シフト $\begin{cases} 1:する \\ 0:しない \end{cases}$

カーソルをホームへ移動 0x02

RS	R/W	DB7	DB6	DB5	DB4	DB3	DB2	DB1	DB0
0	0	0	0	0	0	0	0	1	0

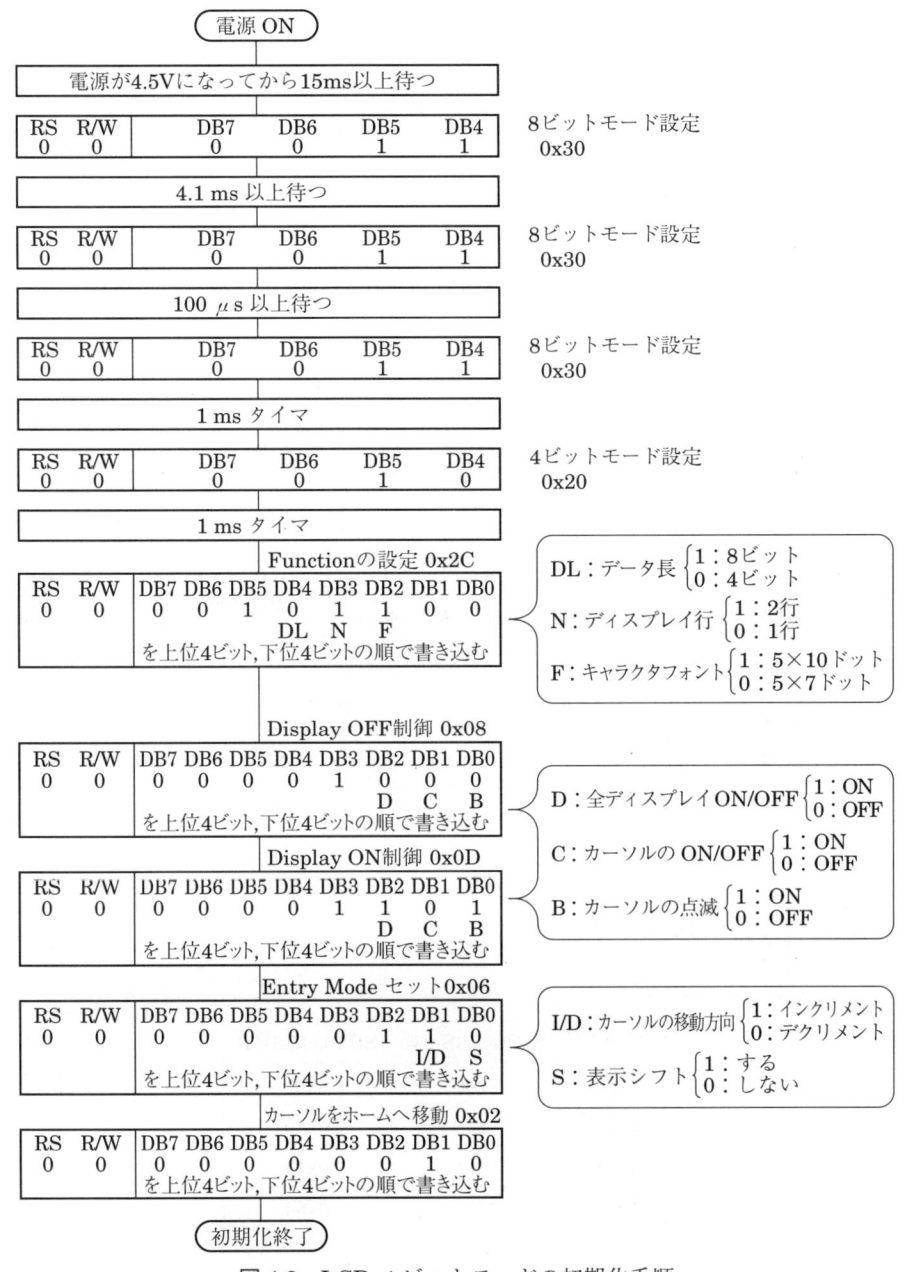

を上位4ビット，下位4ビットの順で書き込む

```
                ┌─────────┐
                │ 初期化終了 │
                └─────────┘
```

図 4.8　LCD 4 ビットモードの初期化手順

表4.2　インストラクション

インストラクション	インストラクションコード								機能説明
	DB7	DB6	DB5	DB4	DB3	DB2	DB1	DB0	
Clear Display	0	0	0	0	0	0	0	1	全表示クリア後，カーソルを Home へ移動
Cursor At Home	0	0	0	0	0	0	1	＊	カーソルを Home へ移動。表示内容は変化なし。（＊は不定）
Entry Mode Set	0	0	0	0	0	1	I/D	S	I/D：カーソルの移動方向 $\begin{cases}1：インクリメント\\0：デクリメント\end{cases}$ S：表示シフト $\begin{cases}1：する\\0：しない\end{cases}$
Display On/Off Control	0	0	0	0	1	D	C	B	D：全ディスプレイ ON/OFF $\begin{cases}1：ON\\0：OFF\end{cases}$ C：カーソルの ON/OFF $\begin{cases}1：ON\\0：OFF\end{cases}$ B：カーソルの点滅 $\begin{cases}1：ON\\0：OFF\end{cases}$
Cursor/ Display Shift	0	0	0	1	S/C	R/L	＊	＊	S/C：$\begin{cases}1：表示シフト\\0：カーソルのみシフト\end{cases}$ R/L：$\begin{cases}1：右へシフト\\0：左へシフト\end{cases}$（＊は不定）
Function Set	0	0	1	DL	N	F	＊	＊	DL：データ長 $\begin{cases}1：8 ビット\\0：4 ビット\end{cases}$ N：ディスプレイ行 $\begin{cases}1：2 行\\0：1 行\end{cases}$ F：キャラクタフォント $\begin{cases}1：5×10 ドット\\0：5×7 ドット\end{cases}$ （＊は不定）
DDRAM Address Set	1	\multicolumn{7}{l|}{DDRAM Address（7 ビット）}								DDRAM Address（表示用メモリアドレス）をセット。 （注）各行の先頭メモリアドレスを下記に示す

（注）

行＼LCD	SC1602BS＊B	SC2004CS＊B
1 行目	0x00	0x00
2 行目	0x40	0x40
3 行目		0x14
4 行目		0x54

4.4 プログラムの作成

図 4.9 は，周波数カウンタのフローチャートであり，そのプログラムをプログラム 4.1 に示す。

プログラム 4.2 は，液晶表示器の表示制御をするための 5 つの関数をまとめた Lcd 制御ライブラリ 1 である。ここで各関数について見てみよう。

void lcd_out(int code, int flag)

この関数は，表示データおよび制御コードを書き込む関数であり，図 4.7 の書込み動作をする。PIC の RB4〜RB7 からデータを出力し，flag が 0 なら RS を "H" にし，DB4〜DB7 に表示データを入力する。flag が 1 なら RS を "L" にし，制御コードを入力する。

また，RS を "H" や "L" に切り替えた後，delay_cycles(2); で NOP×2 を入れ，イネーブル信号 E(STB) を "H" にし，delay_cycles(2); で 220ns 以上のパルス幅を確保し，E(STB) を "L" にする。E(STB) が H→L になるダウンエッジのタイミングで，LCD 内のレジスタに表示データや制御コードが書き込まれる。

なお，NOP（NO Operation）は，何も行わないが実行時間はかかる，という意味である。

void lcd_data(int asci)

この関数は，**表示データ出力関数**であり，表示データを LCD に 4 ビットずつ 2 回に分けて出力する。まず，上位 4 ビットを PIC の RB4〜RB7 から出力し，次にデータを左へ 4 ビットシフトさせ，下位 4 ビットを RB4〜RB7 から出力する。動作完了を確認するためのビジーチェックの代わりに，$50\mu s$ のディレイを入れている。

void lcd_cmd(int cmd)

この関数は，**制御コード出力関数**であり，LCD の初期化や全表示クリアなどで使用する制御コードを出力する。void lcd_data(int asci) と同様に，4 ビットずつ 2 回に分けて出力する。2ms のディレイを挿入する。

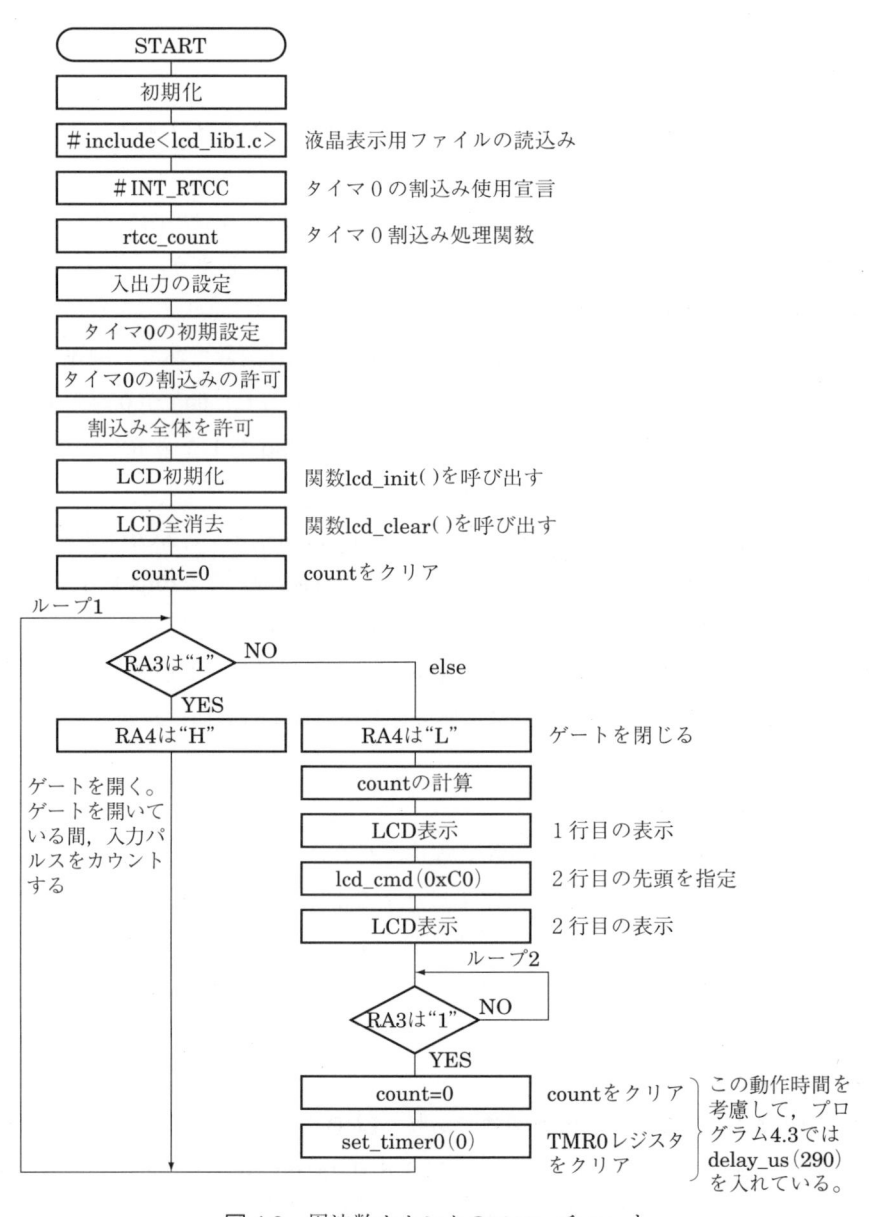

```
                    START
                      │
                  ┌───┴───┐
                  │ 初期化 │
                  └───┬───┘
         ┌────────────┴────────────┐
         │ #include<lcd_lib1.c>    │  液晶表示用ファイルの読込み
         └────────────┬────────────┘
         ┌────────────┴────────────┐
         │ #INT_RTCC               │  タイマ0の割込み使用宣言
         └────────────┬────────────┘
         ┌────────────┴────────────┐
         │ rtcc_count              │  タイマ0割込み処理関数
         └────────────┬────────────┘
         ┌────────────┴────────────┐
         │     入出力の設定         │
         └────────────┬────────────┘
         ┌────────────┴────────────┐
         │   タイマ0の初期設定      │
         └────────────┬────────────┘
         ┌────────────┴────────────┐
         │  タイマ0の割込みの許可   │
         └────────────┬────────────┘
         ┌────────────┴────────────┐
         │    割込み全体を許可      │
         └────────────┬────────────┘
         ┌────────────┴────────────┐
         │       LCD初期化          │  関数lcd_init( )を呼び出す
         └────────────┬────────────┘
         ┌────────────┴────────────┐
         │       LCD全消去          │  関数lcd_clear( )を呼び出す
         └────────────┬────────────┘
         ┌────────────┴────────────┐
         │        count=0          │  countをクリア
         └────────────┬────────────┘
```

図4.9 周波数カウンタのフローチャート

（ループ1: RA3は"1" YES→RA4は"H"（ゲートを開く。ゲートを開いている間，入力パルスをカウントする）／NO else→RA4は"L"（ゲートを閉じる）→countの計算→LCD表示（1行目の表示）→lcd_cmd(0xC0)（2行目の先頭を指定）→LCD表示（2行目の表示）→ループ2: RA3は"1" YES→count=0（countをクリア）→set_timer0(0)（TMR0レジスタをクリア）→この動作時間を考慮して，プログラム4.3ではdelay_us(290)を入れている。）

プログラム 4.1　周波数カウンタ

```c
#include <16f84a.h>
#fuses HS,NOWDT,PUT,NOPROTECT
#use delay(clock=10000000)
#use fast_io(b)
#include <lcd_lib1.c>         ………… 液晶表示用ファイル<lcd_libl.c>の読込み
int32 count;                  ……………………………………………… int32 型宣言
#INT_RTCC                     …………………………………………タイマ0の割込み使用宣言
rtcc_count()                  …………………………………………タイマ0の割込み処理関数
{
  count++;                    ………………………………………………countのインクリメント
}
main()
{
  set_tris_a(0x08);
  set_tris_b(0);                                              タイマ0の
  setup_timer_0(RTCC_EXT_L_TO_H | RTCC_DIV_2); …… 初期設定
  enable_interrupts(INT_RTCC);  ………………………タイマ0の割込み許可
  enable_interrupts(GLOBAL);    ……………………………割込み全体を許可
  lcd_init();                   ………………………………関数 lcd_init()を呼び出す
  lcd_clear();                  ………………………………関数 lcd_clear()を呼び出す
  count=0;                      ……………………………………………… countをクリア
  while(1)                      ………………………………………………………ループ1
  {
    if(input(PIN_A3)==1)        …………………………………… RA3が1なら
      output_high(PIN_A4);      …………………………………………ゲートを開く
    else
    {
      output_low(PIN_A4);       …………………………………………ゲートを閉じる
      count=count*256+get_timer0();  ………………………… countの計算
      printf(lcd_data,"Frequency =");  ……………………1行目の表示
      lcd_cmd(0xC0);            ……………………………………… 2行目の先頭へ
      printf(lcd_data," %08lu Hz   ",count);  ……2行目の表示
      while(1)                  …………………………………………………ループ2
      {
        if(input(PIN_A3)==1)    …………………………………… RA3が1なら
```

4.4 プログラムの作成

```
          {
            count=0;            ................................................. count をクリア
            set_timer0(0);      ................................ TMR0 レジスタをクリア
            break;              ................................................... ループ 2 を脱出
          }
        }
      }
    }
}
```

プログラム 4.2　Lcd 制御ライブラリ 1

```
//<lcd_lib1.c>
void lcd_out(int code,int flag)   .......................... データ書込み関数
{
  output_b(code);                 ........................................ RB4〜RB7 からデータ出力
  if(flag==0)                     ............................................ flag が 0 なら
    output_high(PIN_A1);          ......................... RA1(RS)を"H"にし, DB4〜
  else                            ............................ flag が 1 なら   DB7 に表示データを入力する
    output_low(PIN_A1);           .......................... RA1(RS)を"L"にし, DB4〜
  delay_cycles(2);                ................... NOP×2           DB7 に制御コードを入力する
  output_high(PIN_A0);            ...... RA0(E)は"H"     イネーブル信号 E(STB)をつくる.
  delay_cycles(2);                ................ NOP×2              E(STB)が"H"→"L"になるタイミン
  output_low(PIN_A0);             ...... RA0(E)は"L"    グで,表示データや制御コードが
}                                                        LCD のレジスタに書き込まれる
void lcd_data(int asci)           .......................... 表示データ出力関数
{
  lcd_out(asci,0);                ............................ 上位 4 ビットを RB4〜RB7 から出力
  lcd_out(asci<<4,0);             ................ データを左へ 4 ビットシフトしたあと,
  delay_us(50);                   ....... 50μs タイマ      下位 4 ビットを RB4〜RB7 から出力
}
void lcd_cmd(int cmd)             ................................. 制御コード出力関数
{
  lcd_out(cmd,1);                 ........................... 上位 4 ビットを RB4〜RB7 から出力
  lcd_out(cmd<<4,1);              ............. 制御コードを左へ 4 ビットシフトしたあと,
                                                  下位 4 ビットを RB4〜RB7 から出力
```

```
    delay_ms(2);        ……2msタイマ
}
void lcd_clear()                    ………………………………………全表示クリア関数
{
    lcd_cmd(0x01);      ………………… 全表示クリア後，カーソルはHomeへ移動
    delay_ms(15);       ………………………………………………………15msタイマ
}
void lcd_init()                     ……………………………………………初期化関数
{
    set_tris_b(0);      ……………………………… PORTBはすべて出力に設定
    delay_ms(16);
    lcd_out(0x30,1);    ⎫
    delay_ms(5);        ⎪
    lcd_out(0x30,1);    ⎬……………………………………………8ビットモード設定
    delay_ms(1);        ⎪
    lcd_out(0x30,1);    ⎭
    delay_ms(1);
    lcd_out(0x20,1);    ………………………………………………4ビットモード設定
    delay_ms(1);
    lcd_cmd(0x2C);      ……………………………………………………Function 設定
    lcd_cmd(0x08);      ……………………………………………………Display OFF
    lcd_cmd(0x0D);      ……………………………………………………Display ON
    lcd_cmd(0x06);      …………………………………………………Entry Mode 設定
    lcd_cmd(0x02);      ………………………………………… カーソルをHomeへ移動
}
```

void lcd_clear()

　この関数は**全表示クリア関数**であり，全表示クリア後，カーソルはHomeへ移動する。lcd_cmd(0x01);の0x01は，表4.2のClear DisplayのDB bitである。15msのタイマを入れている。

void lcd_init()

　この関数は**LCDの初期化関数**であり，図4.8のLCD 4ビットモードの初期化をする。

　図4.10はゲート信号発生回路のフローチャートであり，そのプログラムをプ

4.4 プログラムの作成　　101

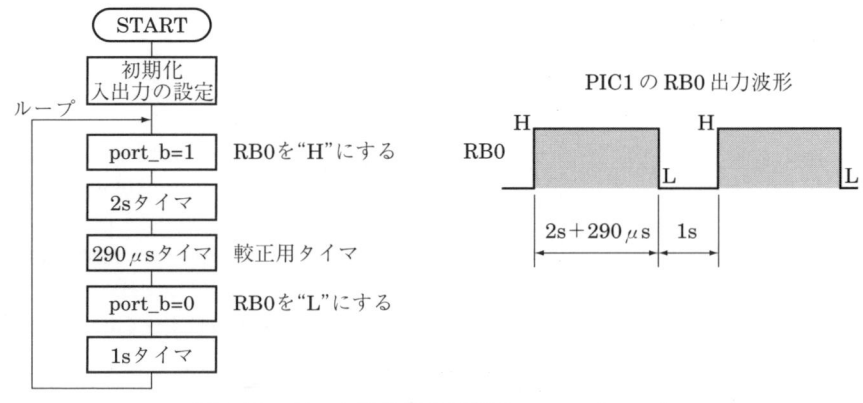

図 4.10　ゲート信号発生回路のフローチャート

プログラム 4.3　ゲート信号発生回路

```
#include <16f84a.h>
#fuses HS,NOWDT,PUT,NOPROTECT
#use delay(clock=10000000)
#byte port_b=6
main()
{
  set_tris_b(0);
  while(1) ……………………………………………………………ループ
  {
    port_b=1; ……………………………………………………RB0 は"H"
    delay_ms(2000); ……………………………………………2s タイマ
    delay_us(290); ……………………………………較正用の 290μs タイマ
    port_b=0; ……………………………………………………RB0 は"L"
    delay_ms(1000); ……………………………………………1s タイマ
  }
}
```

ログラム 4.3 に示す。図 4.10 に示すように，プログラムによってゲート信号を作っている。このゲート信号のパルス幅は 2s+290μs であり，290μs は較正用に挿入している。290μs という値は，製作した周波数カウンタと市販の周波数カウンタの周波数測定値を比較しながら割り出した値である。

●解説

#include<lcd_lib1.c>

　液晶表示用ファイル＜lcd_lib1.c＞の読み込み。

int32 count;

　int32（32 ビット符号なし）型宣言。$2^{32}=4\,294\,967\,296$ なので，int32 型の値の範囲は $0 \sim 4\,294\,967\,295$ となる。

#INT_RTCC

　タイマ 0 の割込み使用宣言をする。

　rtcc_count()------タイマ 0 の割込み処理関数

　{

　　　count++;

　}

　TMR0（タイマ 0）は 8 ビットのカウンタなので，カウント数が $2^8=256$ になるとオーバフローし，割込みが発生する。その後，count のインクリメントをする。

set_tris_a(0x08);

　　0x08 → 0 0 0 0 1 0 0 0
　　　　　　　RA4 RA3 RA2 RA1 RA0

　　RA0〜RA2：出力
　　RA3：入力　　にセットする。
　　RA4：出力

　RA4 はオープンドレイン回路になっているので，RA4 を出力モードにしたままタイマ 0 の入力ピンとして使う。

set_tris_b(0);

　PORTB はすべて出力モード。

setup_timer_0(RTCC_EXT_L_TO_H | RTCC_DIV_2);

　この関数は，RTCC（タイマ 0）の初期設定をする。

RTCC_EXT_L_TO_H：タイマ 0 は外部クロックと内部クロックを使用で
　　　　　　　　　　　　きるが，ここでは，外部クロックの立上がりエッ
　　　　　　　　　　　　ジを指定する。
　　　RTCC_DIV_2　　　：内部クロックを 1/2 に分周して使用する。すなわ
　　　　　　　　　　　　ち，プリスケール値を 2 に指定する。
enable_interrupts(INT_RTCC);
　この関数は，割込みのイネイブル（有効）を任意の割込み要因で設定する。こ
こでは，INT_RTCC なので，タイマ 0 割込みを許可する。
enable_interrupts(GLOBAL);
　GLOBAL を実行することで，設定したタイマ 0 割込み要因が発生すると，割
込みがかかるようになる。
lcd_init();
　LCD の初期化関数 lcd_init() を呼び出す。
lcd_clear();
　全表示クリア関数 lcd_clear() を呼び出す。
　　if(input(PIN_A3)==1)　　　｝RA3 が "H" なら
　　　　output_high(PIN_A4);　　RA4 を "H" にし，ゲートを開く。
　　else
　　｛　　　　　　　　　　　　　さもなければ RA3 は "L" なので
　　　　output_low(PIN_A4);　　RA4 を "L" にし，ゲートを閉じる。
　　　　　　　⋮
　図 3.11 と同様に，図 4.11 にゲートとカウントの原理を示す。
count=count*256+get_timer0();
　count の計算をする。TMR0（タイマ 0）は，カウント数が $2^8=256$ になると
オーバフローし，タイマ 0 の**割込み処理関数** rtcc_count() により，count の値
は 1 だけインクリメントする。
　　　　get_timer0();　　　→ TMR0（タイマ 0）レジスタの現在値の読込みをする。
printf(lcd_data, "Frequency=");

```
RA4
外部クロック
```

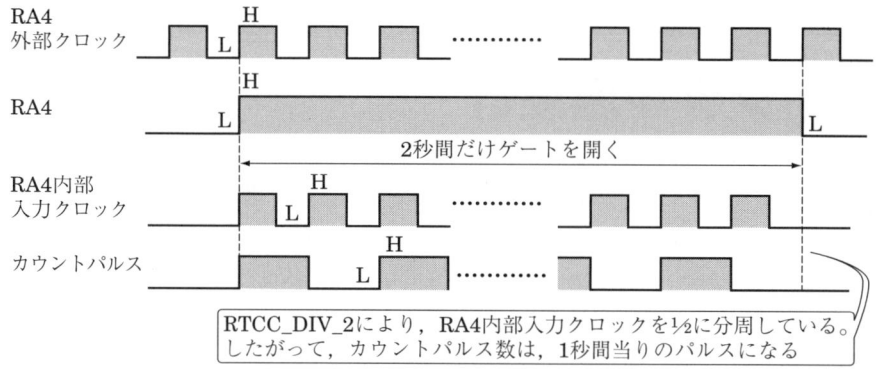

```
RA4
```

2秒間だけゲートを開く

```
RA4内部
入力クロック
```

カウントパルス

RTCC_DIV_2により，RA4内部入力クロックを½に分周している。したがって，カウントパルス数は，1秒間当りのパルスになる

図4.11　ゲートとカウントの原理

　表示データ出力関数 lcd_data と printf 関数により，LCD の 1 行目に「Frequency＝」と表示する。
lcd_cmd(0xC0);
　表示位置を 2 行目の先頭に指定する。
　表 4.2 のインストラクションにより
　　　　DDRAM Address Set → DB7 DB6〜DB0
　　　　　　　　　　　　　　 1   DDRAM Address になっている。
　　　　この DDRAM Address に 2 行目の先頭メモリアドレス 0x40（100 0000）
　　　　を入れると，　　　　DB7 DB6〜DB0
　　　　　　　　　　　　　　 1   100 0000 → 0xC0 になる。
　制御コード出力関数 void　lcd_cmd(int cmd) を呼び出し，lcd_cmd(0xC0);により，表示位置を 2 行目の先頭にする。
printf(lcd_data, " %08lu Hz   ", count);
　表示データ出力関数 lcd_data と printf 関数により，count の値を 8 桁表示し，単位 Hz も表示する。lu は，long 型の符号なし整数 10 進数形式を指定する。
set_timer0(0);
　TMR0 レジスタをクリア（0）する。

5. ディジタル温度計

ディジタル温度計を2つ製作する。第1の温度計は，7セグメントLED表示で−40℃〜99.9℃まで測定でき，交流100Vを変圧・整流した直流電源回路をもち，ケースに組み込んだ実用装置である。第2の温度計は，4行表示の液晶表示器を使用し，−40℃〜102℃まで表示できる。第1の温度計と同様に，直流電源回路をもち，ケースに組み込んだ実用装置である。この温度計の特徴は，現在の温度，その日の最高温度・最低温度を同時に表示できる。

どちらの温度計もPIC回路，電源回路，IC化温度センサ回路はまったく同じで，表示器が，7セグメント表示器と液晶表示器の違いになっている。

IC化温度センサ回路からのアナログ信号をPICに入れるため，PIC回路は，A−D変換機能をもったPIC16F873を使用する。

IC化温度センサ回路は，マイナスの領域の温度も測定するため，IC化温度センサに−40℃〜110℃まで測定できるLM35CAZを使用し，電圧増幅度1倍の反転増幅回路とb接点をもったリレー回路が追加される。

5.1 PIC16F873

図5.1は，PIC16F873の外観とピン配置であり，表5.1にピンアウトの説明を示す。

PIC16F873は，主な特徴として次のようなものがある。

(1) 基本的なハードウェア構成はPIC16F84Aと同じである。

(a) 外観

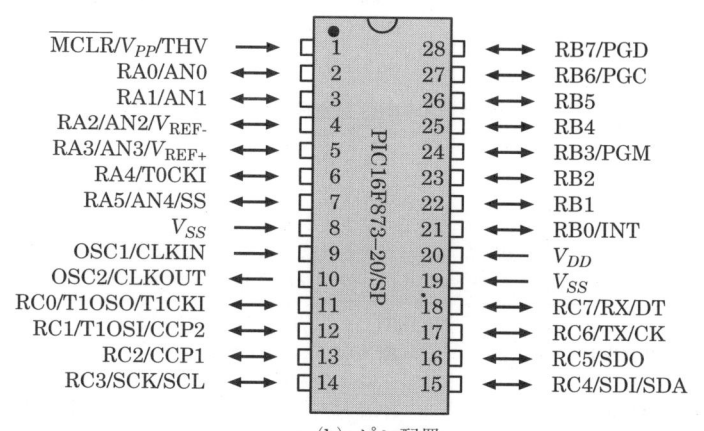

```
 MCLR/V_PP/THV  →  □ 1        28 □  ↔  RB7/PGD
       RA0/AN0  ↔  □ 2        27 □  ↔  RB6/PGC
       RA1/AN1  ↔  □ 3        26 □  ↔  RB5
 RA2/AN2/V_REF- ↔  □ 4        25 □  ↔  RB4
 RA3/AN3/V_REF+ ↔  □ 5        24 □  ↔  RB3/PGM
      RA4/T0CKI ↔  □ 6        23 □  ↔  RB2
      RA5/AN4/SS ↔ □ 7        22 □  ↔  RB1
            V_SS → □ 8        21 □  ↔  RB0/INT
     OSC1/CLKIN  → □ 9        20 □  ←  V_DD
    OSC2/CLKOUT  ← □ 10       19 □  ←  V_SS
RC0/T1OSO/T1CKI ↔  □ 11       18 □  ↔  RC7/RX/DT
 RC1/T1OSI/CCP2 ↔  □ 12       17 □  ↔  RC6/TX/CK
       RC2/CCP1 ↔  □ 13       16 □  ↔  RC5/SDO
    RC3/SCK/SCL ↔  □ 14       15 □  ↔  RC4/SDI/SDA
```

(b) ピン配置

図 5.1　PIC16F873 の外観とピン配置

表 5.1　PIC16F873 ピンアウトの説明

ピンの名称	DIP Pin#	説　　明
OSC1/CLKIN	9	オシレータ水晶入力/外部クロックソース入力。
OSC2/CLKOUT	10	オシレータ水晶出力。水晶オシレータモード時に水晶またはセラミック発振子に接続。RC モードでは，OSC2 は OSC1 の 1/4 の周波数の CLKOUT（命令サイクル）を出力する。
$\overline{MCLR}/V_{PP}$/THV	1	マスタ・クリア（リセット）入力またはプログラム電圧入力または高電圧テストモード制御。このピンはデバイスのアクティブ・ロー・リセットになる。
RA0/AN0	2	PORTA は双方向 I/O ポートである。 　　RA0 はアナログ入力 0 として選択可能

5.1 PIC16F873

ピン名	ピン番号	説明
RA1/AN1	3	RA1 はアナログ入力 1 として選択可能
RA2/AN2/V_{REF-}	4	RA2 はアナログ入力 2,または負極アナログリファレンス電圧として選択可能
RA3/AN3/V_{REF+}	5	RA3 はアナログ入力 3,または正極アナログリファレンス電圧として選択可能
RA4/T0CKI	6	RA4 はタイマ 0 モジュールのクロック入力として選択可能。出力はオープンドレインタイプ。
RA5/$\overline{SS}$/AN4	7	RA5 はアナログ入力 4 または同期シリアルポートのスレーブセレクトとして選択可能
RB0/INT	21	PORTB は双方向 I/O ポートである。PORTB は全入力で内部弱プルアップがソフトウェアで選択可能である。RB0 は外部割込みピンとして選択可能。
RB1	22	
RB2	23	
RB3/PGM	24	RB3 低電圧プログラミング入力として選択可能。
RB4	25	ピン変化による割込み。
RB5	26	ピン変化による割込み。
RB6/PGC	27	ピン変化による割込み,またはイン・サーキットデバッガ。シリアルプログラミングクロック。
RB7/PGD	28	ピン変化による割込み,またはイン・サーキットデバッガ。シリアルプログラミングデータ。
RC0/T1OSO/T1CKI	11	PORTC は双方向 I/O ポートである。RC0 はタイマ 1 オシレータ出力,またはタイマ 1 クロック入力として選択可能。
RC1/T1OSI/CCP2	12	RC1 はタイマ 1 オシレータ入力,またはキャプチャ 2 入力/コンペア 2 出力/PWM2 出力として選択可能。
RC2/CCP1	13	RC2 はキャプチャ 1 入力/コンペア 1 出力/PWM1 出力として選択可能。
RC3/SCK/SCL	14	RC3 は SPI および I²C モードどちらでも同期シリアルクロック入力/出力として選択可能。
RC4/SDI/SDA	15	RC4 と SPI データイン(SPI モード)またはデータ I/O(I²C モード)として選択可能。
RC5/SDO	16	RC5 は SPI データアウト(SPI モード)として選択可能。
RC6/TX/CK	17	RC6 は USART 非同期送信,または同期クロックとして選択可能。
RC7/RX/DT	18	RC7 は USART 非同期受信または同期データとして選択可能。
V_{SS}	8, 19	ロジックおよび I/O ピン用接地基準。
V_{DD}	20	ロジックおよび I/O ピン用正極電源。

出典:『データシート PIC16F87X』マイクロチップ・テクノロジー社

(2) フラッシュプログラムメモリは 4k ワードあり，1 000 回程度書き換えることができる。
(3) I/O ピンは 22 本あり，ポート A が 0〜5（RA0〜RA5）の 6 ビット，ポート B が 0〜7（RB0〜RB7）の 8 ビット，ポート C が 0〜7（RC0〜RC7）の 8 ビットである。
(4) タイマは 3 種類（TMR0, TMR1, TMR2）ある。
(5) 2 つのキャプチャ，コンペア，PWM モジュールがあり，本書では PWM を利用する。PWM は，周期的なパルスを発生させる機能である。
(6) 5 チャンネルの 10 ビット A–D コンバータがある。本書では，2 つのアナログ−ディジタル変換機能を利用する。
(7) 動作電圧範囲は，2.0〜5.5V を広く，1 ピンごとの最大シンク/ソース電流は 25mA となっている。

5.2　7 セグメント LED 表示によるディジタル温度計

5.2.1　制御回路

図 5.2 は，7 セグメント LED 表示によるディジタル温度計の制御回路であり，その外観を図 5.3 に示す。PIC16F873 と 7 セグメント表示器で温度計の本体部分を構成し，それに，電源回路，IC 化温度センサ回路が主要回路になる。

IC 化温度センサは LM35CAZ を使用し，温度表示範囲は，−40℃〜99.9℃ までである。

ここで，各回路について詳しく述べよう。

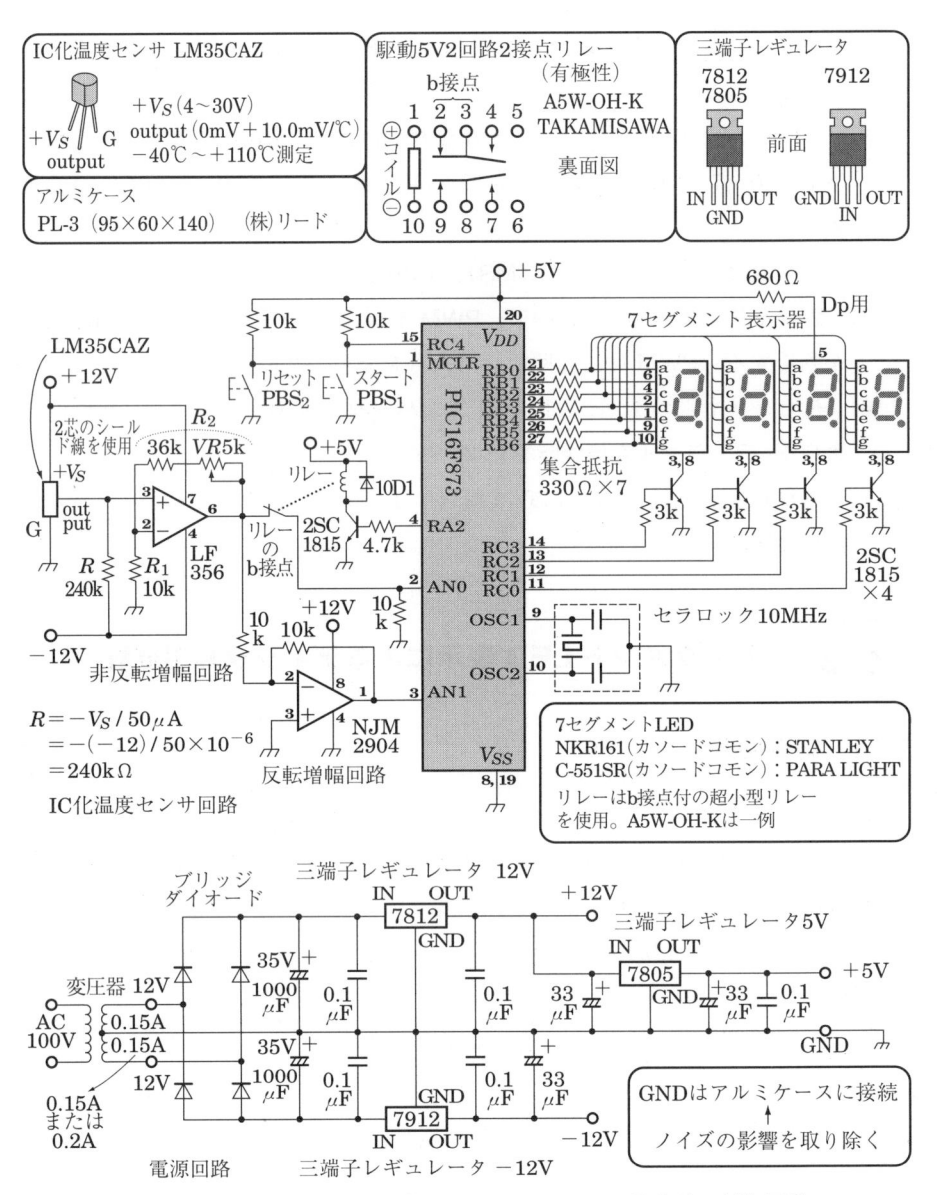

図 5.2 7セグメント LED 表示によるディジタル温度計の制御回路

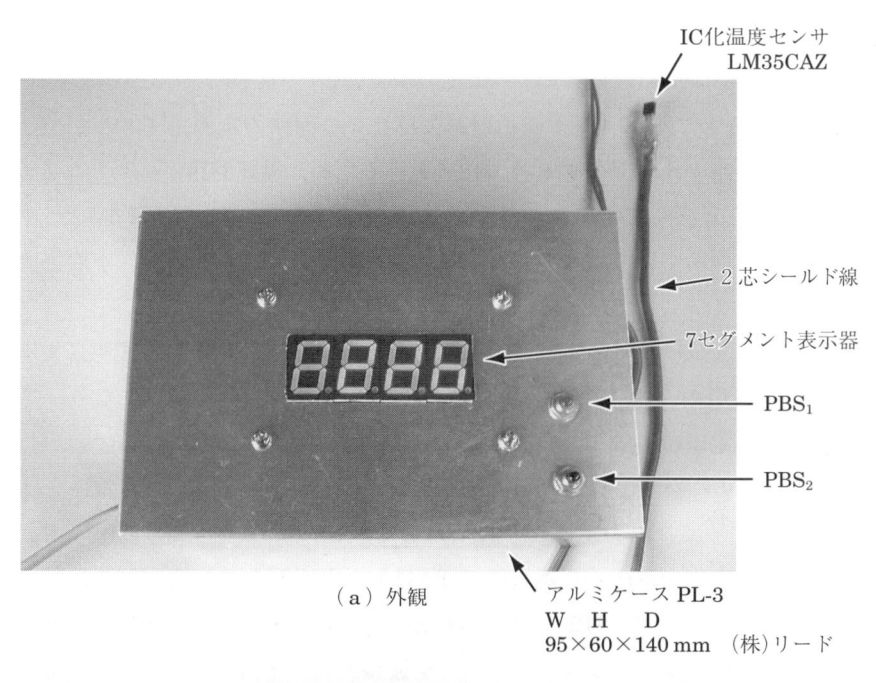

(a) 外観

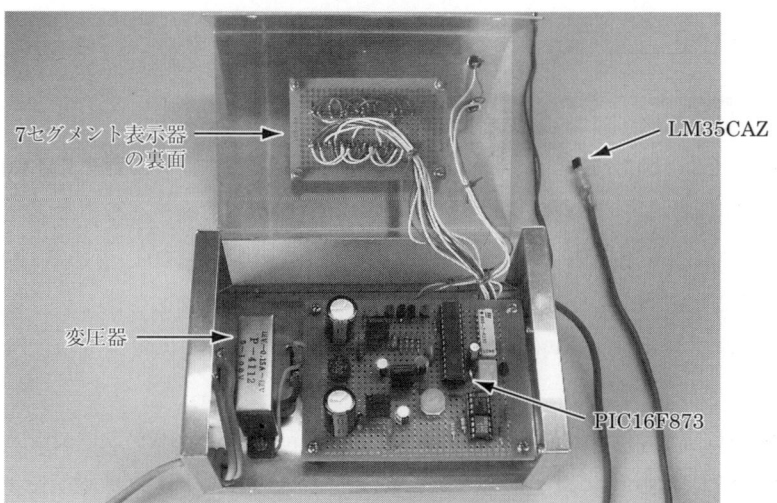

IC化温度センサ LM35CAZ
2芯シールド線
7セグメント表示器
PBS$_1$
PBS$_2$
アルミケース PL-3
W　H　D
95×60×140 mm　（株）リード

(b) 内部

7セグメント表示器の裏面
LM35CAZ
変圧器
PIC16F873

図5.3　7セグメントLED表示によるディジタル温度計の外観

電源回路

PIC16F873 と 7 セグメント表示器およびリレー回路の電源電圧 5V と，IC 化温度センサ回路のオペアンプ電源±12V を得るため，**電源回路**が必要となる。

変圧器の二次巻線に**中間タップ**があり，ここが GND として，+5V と±12V の共通端子になっている。この GND は，ノイズの影響による誤動作を除去するため，アルミケースに接続する。

三端子レギュレータは，**定電圧電源回路**であり，正電圧用と負電圧用に大別される。正電圧用の三端子レギュレータ 7812 は，出力電圧が 12V になり，そのためには入力電圧を 14V 以上にする。同様に 7805 は 7V 以上の入力電圧に対し，出力電圧が 5V になる。負電圧用の 7912 は，入力に−14V 以下の負電圧を印加することによって，出力電圧が−12V になる。このように，入力電圧の大きさは，少なくとも出力電圧より絶対値で 2V 以上大きくしなければならない。

三端子レギュレータ 7812 と 7912 の入力電圧は，実測値で±19V である。変圧器の二次電圧をブリッジダイオードで**全波整流**し，**平滑コンデンサ**で平滑して直流電圧±19V を得ている。

IC 化温度センサ回路とリレー回路

IC 化温度センサ LM35 には，よく使用される LM35DZ があるが，LM35DZ の動作温度範囲は 0℃〜100℃ までになっている。だが，このディジタル温度計はマイナスの温度も測定するので，動作温度範囲が−40℃〜110℃ である LM35 CAZ を使うことにする。LM35 は，摂氏（℃）温度に直接較正されていて，温度係数はリニアで+10.0mV/℃になっている。このため，簡単に温度センサ回路を設計することができる。

0℃〜99.9℃ までの温度範囲では，LM35 の出力電圧を，オペアンプによる非反転増幅回路で 4.88 倍に電圧増幅し，この温度に比例したアナログ電圧を PIC 16F873 の 10 ビット A−D コンバータの入力とする。このプラスの温度範囲（0℃〜99.9℃）では，リレーの b 接点を通して，非反転増幅回路の出力端子と

PICのアナログ入力ピンAN0を接続する。

マイナスの温度範囲（0℃～-40℃）でも，LM35の出力電圧を非反転増幅回路で4.88倍に電圧増幅をする。しかし，出力の極性がマイナスなので，電圧増幅度$A=1$の反転増幅回路で位相反転して，A-Dコンバータのアナログ入力ピンAN1に接続する。

マイナスの温度範囲の場合，PICのRA2ピンを"H"にして，トランジスタとリレーによるリレー回路を作動させ，リレーのb接点を断にし，10kΩのプルダウン抵抗によってAN0ピンを0Vにする。

7セグメント表示器

A-D変換された温度データは，ポートBのRB0～RB6より7セグメント表示器へ出力される。表示器の4つの7セグメントLEDは並列接続し，7つの電流制限用抵抗を共有している。

1桁目～3桁目の7セグメントLEDは温度表示用で，4桁目は，マイナスの温度範囲でマイナス記号（-）だけを表示する。このため，プラスの温度範囲では，7セグメントLEDの点灯制御は，1桁目，2桁目，3桁目，1桁目……のように順番に表示データを出力し，同時に，表示データ出力と同期した**ストローブ信号**をポートCのRC0～RC2より出力する。このため，ドライブ用のトランジスタは，Tr_1，Tr_2，Tr_3の順に駆動され，プログラムにより，3msの周期で**ダイナミック点灯制御**が行われる。

同様にして，マイナスの温度範囲では，4桁目の7セグメントLEDとトランジスタTr_4が追加され，1桁目，2桁目，3桁目，4桁目，1桁目…の順でダイナミック点灯制御が行われる。

この7セグメント表示器は，-40℃～99.9℃まで表示できる。7セグメント表示器の小数点の位置は，2桁目の7セグメントLEDの小数点D_pに固定されているので，5V電源から680Ωの抵抗を通して2桁目のD_pピンに接続する。

5.2.2 温度センサ回路の設計と調整

ここで，温度センサ回路の設計と調整について述べよう。

(1) PIC16F873 の A-D コンバータは，10 ビットのため $2^{10}=1\,024$ の分解能をもつが，0 を含めるので 1 023 が A-D 変換データの最大値となる。

(2) このため，0.1℃ ステップで 0～102.3℃ までの測定範囲が扱いやすい。温度センサ回路の電源は ±12V 電源であり，7 セグメント表示器が 4 桁のため，−40℃～99.9℃ までが表示範囲となる。

(3) 計測レンジは V_{SS}（0V）から V_{DD}（5V）の範囲が基本となるが，0～5V の範囲で，V_{REF-}（下限電圧）と V_{REF+}（上限電圧）で設定することができる。

(4) ここでは，最大計測範囲を基本である 0～5V までとする。このため，102.4℃ のときにオペアンプ出力が 5.00V になるように，**非反転増幅回路**を設計する。非反転増幅回路の**電圧増幅度** A は次の式で与えられる。$A=1+R_2/R_1$。

(5) 温度センサ LM35 出力は，10.0mV/℃ であるので，102.4℃ のとき 1.024V になる。必要な非反転増幅回路の電圧増幅度 A は，$5.00\div 1.024\fallingdotseq 4.88$ となる。

(6) $A=4.88$，$R_1=10\mathrm{k}\Omega$ の場合，$A=1+R_2/R_1$ から R_2 を求めると，$R_2=R_1(A-1)=10\times 10^3(4.88-1)=38.8\times 10^3=38.8\mathrm{k}\Omega$ になる。

(7) 図 5.2 に示すように，R_2 は 36kΩ の抵抗とボリューム VR 5kΩ とで構成されている。VR 5kΩ を調整して $R_2=38.8\mathrm{k}\Omega$ にする。

(8) あるいは，温度センサ回路に ±12V を印加しておいて，オペアンプ出力が LM35 の出力電圧の 4.88 倍になるように，VR 5kΩ を調整する。

(9) 最終的には，PIC にプログラムを書き込み，温度表示がなされているとき，LM35 の出力電圧の 100 倍の値を表示するように VR 5kΩ を調整する。あるいは，正確なほかの温度計を標準として VR 5kΩ の調整で較正することもできる。

(10) 温度センサがリード線によって表示器と離れていると，ノイズの影響で1桁目の数字が3～4飛びで変動することがある。このような場合，リード線として2芯のシールド線を使い，GNDをシールドの編線とし，$+V_S$とoutputは2芯線を使用する。2芯のシールド線の代わりに，単芯のシールド線を2本使用してもよい。

5.2.3 プログラムの作成

図5.4は，7セグメントLED表示によるディジタル温度計のフローチャートであり，そのプログラムをプログラム5.1に示す。

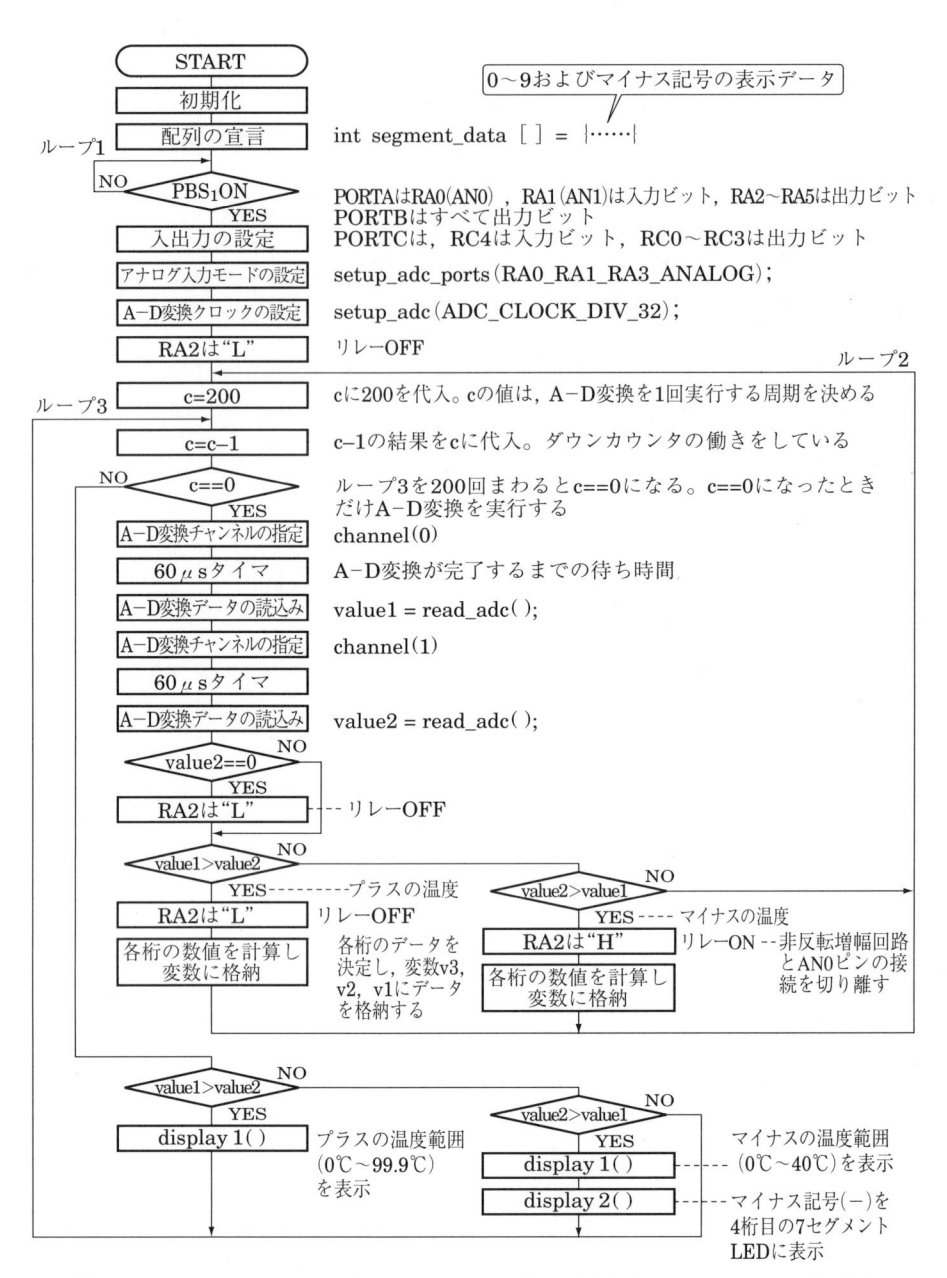

```
                        ┌─────────┐
                        │  START  │
                        └────┬────┘
                             │
                    ┌────────────────┐
                    │    初期化      │
                    └────────┬───────┘
          ループ1    ┌───────────────┐    int segment_data [ ] = {……}   ← 0～9およびマイナス記号の表示データ
          ┌────NO───│   配列の宣言  │
          │         └───────┬───────┘
          │        ┌────────────────┐
          │       <   PBS₁ON       >
          │        └────┬───────────┘
          │             YES
          │      ┌────────────────┐   PORTAはRA0(AN0), RA1(AN1)は入力ビット，RA2～RA5は出力ビット
          │      │  入出力の設定  │   PORTBはすべて出力ビット
          │      └────────┬───────┘   PORTCは，RC4は入力ビット，RC0～RC3は出力ビット
          │    ┌──────────────────────┐
          │    │アナログ入力モードの設定│  setup_adc_ports(RA0_RA1_RA3_ANALOG);
          │    └──────────┬───────────┘
          │   ┌───────────────────────┐
          │   │ A-D変換クロックの設定 │  setup_adc(ADC_CLOCK_DIV_32);
          │   └──────────┬────────────┘
          │      ┌────────────────┐
          │      │  RA2は"L"      │  リレーOFF                                ループ2
          │      └────────┬───────┘
  ループ3  │      ┌────────────────┐
          │      │    c=200       │  cに200を代入。cの値は，A-D変換を1回実行する周期を決める
          │      └────────┬───────┘
          │      ┌────────────────┐
          │      │    c=c-1       │  c-1の結果をcに代入。ダウンカウンタの働きをしている
          │      └────────┬───────┘
          │        NO ┌──────┐
          ├──────────<  c==0 >
          │           └──┬───┘
          │             YES            ループ3を200回まわるとc==0になる。c==0になったとき
          │   ┌──────────────────────┐  だけA-D変換を実行する
          │   │A-D変換チャンネルの指定│  channel(0)
          │   └──────────┬───────────┘
          │      ┌────────────────┐
          │      │  60μsタイマ    │  A-D変換が完了するまでの待ち時間
          │      └────────┬───────┘
          │   ┌──────────────────────┐
          │   │A-D変換データの読込み │  value1 = read_adc( );
          │   └──────────┬───────────┘
          │   ┌──────────────────────┐
          │   │A-D変換チャンネルの指定│  channel(1)
          │   └──────────┬───────────┘
          │      ┌────────────────┐
          │      │  60μsタイマ    │
          │      └────────┬───────┘
          │   ┌──────────────────────┐
          │   │A-D変換データの読込み │  value2 = read_adc( );
          │   └──────────┬───────────┘
          │          ┌────────┐ NO
          │         < value2==0>────┐
          │          └───┬────┘     │
          │             YES         │
          │      ┌────────────────┐ │
          │      │  RA2は"L"      │─┤ ---- リレーOFF
          │      └────────┬───────┘ │
          │        ┌────────────┐   │
          ├───────<value1>value2>───┼───NO────┐
          │        └─────┬──────┘   │        │
          │             YES ------- プラスの温度   ┌────────────┐
          │      ┌────────────────┐              <value2>value1>────NO─────┐
          │      │  RA2は"L"      │ リレーOFF    └─────┬──────┘             │
          │      └────────┬───────┘                   YES ---- マイナスの温度│
          │      ┌────────────────┐ 各桁のデータを   ┌────────────────┐    │
          │      │各桁の数値を計算し│ 決定し，変数v3,  │  RA2は"H"      │ リレーON -- 非反転増幅回路│
          │      │変数に格納      │ v2, v1にデータ   └────────┬───────┘   とAN0ピンの接│
          │      └────────┬───────┘ を格納する       ┌────────────────┐    続を切り離す│
          │               │                          │各桁の数値を計算し│    │
          │               │                          │変数に格納      │    │
          │               │                          └────────┬───────┘    │
          │               │                                   │            │
          │               ├───────────────────────────────────┤            │
          │        ┌────────────┐ NO                                       │
          │       <value1>value2>───────┐                                  │
          │        └─────┬──────┘       │                                  │
          │             YES             │                                  │
          │      ┌────────────────┐     │   ┌────────────┐                 │
          │      │   display 1( ) │  プラスの温度範囲  <value2>value1>──NO─┤
          │      └────────┬───────┘  (0℃～99.9℃)    └─────┬──────┘        │
          │               │         を表示                YES     マイナスの温度範囲│
          │               │                     ┌────────────────┐  (0℃～40℃)を表示│
          │               │                     │   display 1( ) │---│
          │               │                     └────────┬───────┘   │
          │               │                     ┌────────────────┐   │
          │               │                     │   display 2( ) │---│ マイナス記号(-)を
          │               │                     └────────┬───────┘     4桁目の7セグメント
          │               │                              │              LEDに表示
          └───────────────┴──────────────────────────────┘
```

図5.4　7セグメントLED表示によるディジタル温度計のフローチャート (1)

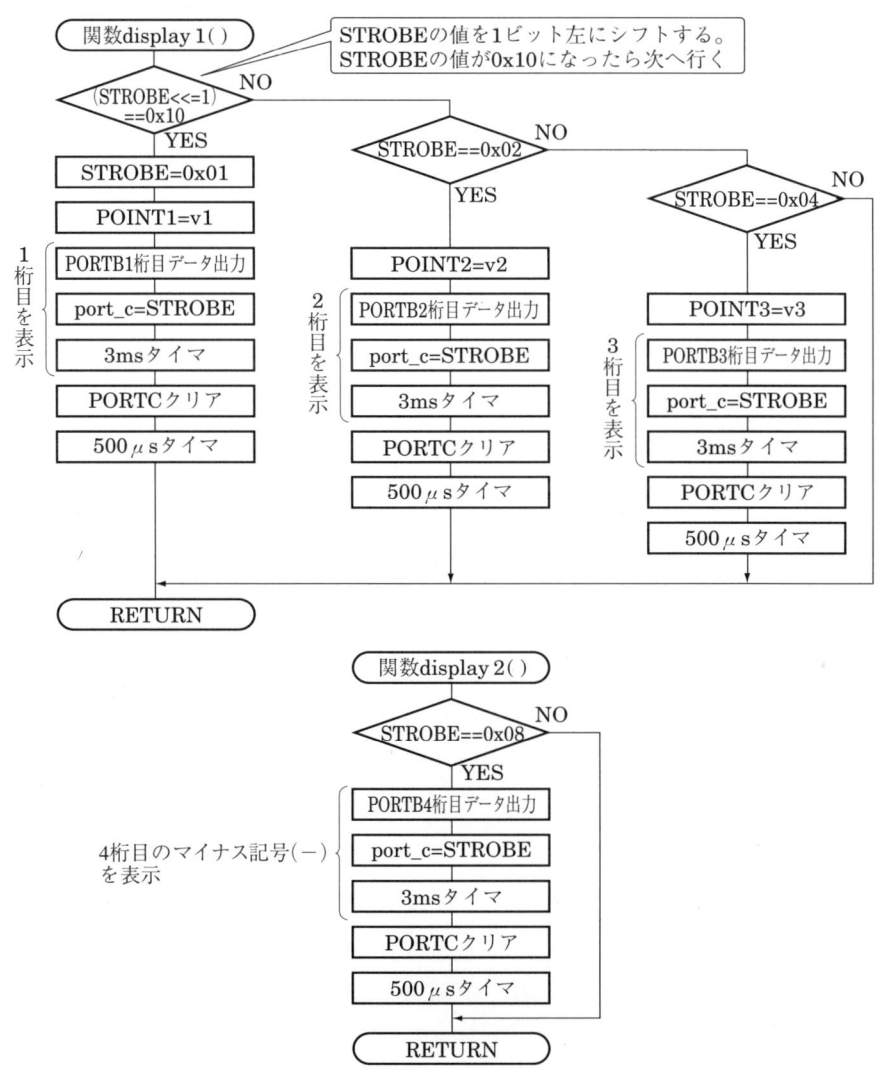

図 5.4　7 セグメント LED 表示によるディジタル温度計のフローチャート（2）

プログラム 5.1　7 セグメント LED 表示によるディジタル温度計

```
#include <16f873.h>
#device ADC=10                    ……………… A-D 変換を 10 ビットモードに指定
#fuses HS,NOWDT,NOPROTECT,PUT,NOLVP
#use delay(clock=10000000)
#byte port_a=5
#byte port_b=6
#byte port_c=7
int c;
int STROBE=0x08;
int POINT1,POINT2,POINT3;
long value1,value2,v1,v2,v3;
                          0    1    2    3    4    5    6
                          ↓    ↓    ↓    ↓    ↓    ↓    ↓
int segment_data[]={0x3f,0x06,0x5b,0x4f,0x66,0x6d,0x7c,
                    0x07,0x7f,0x67,0x40};
                     ↑    ↑    ↑    ↑
void display1();     7    8    9   (－)
void display2();                   マイナス記号
main()
{
  while(1)        ……………………………………………………………… ループ 1
  {
    if(input(PIN_C4)==0)  …………
    break;                     ……… PBS₁ ON ならループ 1 を脱出
  }
  set_tris_a(0x03);
  set_tris_b(0);
  set_tris_c(0x10);
  setup_adc_ports(RA0_RA1_RA3_ANALOG); …アナログ入力モードの設定
  setup_adc(ADC_CLOCK_DIV_32);    …………… A-D 変換クロックの設定
  output_low(PIN_A2);   …………………………………………… RA2 は "L"
  while(1)              …………………………………………………… ループ 2
  {
    c=200;
    while(1)            …………………………………………………… ループ 3
    {
      c=c-1;
```

```
      if(c==0)
      {
        set_adc_channel(0);        ················· A-D 変換チャンネル 0 の指定
        delay_us(60);
        value1=read_adc();         ················· A-D 変換データの読込み
        set_adc_channel(1);        ················· A-D 変換チャンネル 1 の指定
        delay_us(60);
        value2=read_adc();         ················· A-D 変換データの読込み
        if(value2==0)              ················  value2==0 ならば、RA2 を
          output_low(PIN_A2);      ················  "L"にし、リレーのb接点に
                                                     より、非反転増幅回路の出力
        if(value1>value2)                            と AN0 ピンを接続する
        {
          output_low(PIN_A2);      ·································· RA2 は "L"
          v3=value/100;
          v2=(value1-v3*100)/10;
          v1=value1-v3*100-v2*10;
        }
        if(value2>value1)
        {
            output_high(PIN_A2);   ······ RA2 を "H"にし、リレー回路を作
            v3=value2/100;                動させ、リレーのb接点を断にする
            v2=(value2-v3*100)/10;
            v1=value2-v3*100-v2*10;
        }
        break;
      }
      if(value1>value2)
        display1();               ·················· 関数 display1() を呼び出す。プラスの
      else if(value2>value1)                         温度範囲（0℃〜99.9℃）の表示
      {
        display1();               ················ 関数 display1() を呼び出す。マイナスの
        display2();                                 温度範囲（0℃〜－40℃）の表示
      }                           ········· 関数 display2() を呼び出す。マイナス記号(－)を
    }                                       4 桁目の 7 セグメント LED に表示
  }
}
void display1()                  ················· 戻り値なしの関数定義
```

```
{
  if((STROBE<<=1)==0x10)
  {
    STROBE=0x01;
    POINT1=v1;
    port_b=segment_data[POINT1];   ……… segment_data（1桁目）の
    port_c=STROBE;                      値を PORTB に出力
    delay_ms(3);
    port_c=0;
    delay_us(500);
  }
  if(STROBE==0x02)
  {
    POINT2=v2;
    port_b=segment_data[POINT2];   ……… segment_data（2桁目）の
    port_c=STROBE;                      値を PORTB に出力
    delay_ms(3);
    port_c=0;
    delay_us(500);
  }
  if(STROBE==0x04)
  {
    POINT3=v3;
    port_b=segment_data[POINT3];   ……… segment_data（3桁目）の
    port_c=STROBE;                      値を PORTB に出力
    delay_ms(3);
    port_c=0;
    delay_us(500);
  }
}
void display2()                    ……………………………… 戻り値なしの関数定義
{
  if(STROBE==0x08)
  {
    port_b=segment_data[10];       ……… マイナス記号（－）を 4桁目の
    port_c=STROBE;                      7セグメント LED に出力
    delay_ms(3);
```

```
        port_c=0;
        delay_us(500);
    }
}
```

●解説

#device ADC=10

　A-D 変換を 10 ビットモードに指定する。

#fuses HS, NOWDT, NOPROTECT, PUT, NOLVP

　オプション

　　　HS　　　　　：オシレータモードは，発振周波数 10MHz を使用するので HS モード。HS（High Speed）4MHz〜20MHz。

　　　NOWDT　　　：ウォッチドッグタイマは使用しない。

　　　NOPROTECT：コードプロテクトしない。

　　　PUT　　　　 ：パワーアップタイマ（電源投入直後の 72ms 間のリセット）を使用する。

　　　NOLVP　　　：ポート B の RB3 は低電圧プログラミング指定ポートであるが，これを指定しない。LVP(Low Voltage Programming)。NOLVP が設定されていないと，正常に温度表示されないので注意が必要である。

　この fuses 情報は，PIC ライタで PIC にプログラムを書き込む際に，別途設定することもできる。

int STROBE=0x08;

　STROBE（ストローブ）と名付けた int（8 ビット符号なし）型変数の定義と初期化。

long value1, value2, v1, v2, v3;

　long（16 ビット符号なし）型宣言。value1, value2, v1, v2, v3 のデータの型は，value1 と value2 の値が最大 1 023 なので，int ではなく long にする必要

がある。

int segment_data[ ]＝{0x3f, 0x06, ……0x67, 0x40}；

　int 型配列の定義と 0～9 およびマイナス記号（－）を表示させる内容。配列名は segment_data。

void display1()；

void display2()；

　関数 display1 と display2 は，戻り値なしというプロトタイプ宣言。

setup_adc_ports(RA0_RA1_RA3_ANALOG)；

　RA0/AN0（ピン番号 2）ピン，RA1/AN1（ピン番号 3）ピンをアナログ入力モードに設定する。RA3/AN3 ピンは使用していないが，このように設定する。

setup_adc(ADC_CLOCK_DIV_32)；

　A–D 変換クロックを PIC クロックの 1/32 に指定する。

　PIC クロックが 10MHz のとき，A–D 変換クロック＝$10 \times 10^6/32 = 3.125 \times 10^5$ Hz。

　周期＝$1/3.125 \times 10^5 = 3.2 \times 10^{-6}$s＝$3.2\mu$s。1 ビットの変換時間は 3.2μs となる。PIC16F873 は 10 ビットの変換であるが，12 ビット相当の時間がかかる。このため，A–D 変換時間は 3.2μs×12＝38.4μs となる。

set_adc_channel(0)；

　A–D 変換をするアナログポートのチャンネル番号を指定する。AN0（ピン番号 2）ピンをアナログモードに設定したので，AN0 は 0 チャンネルになる。

delay_us(60)；

　A–D 変換が完了するまでの待ち時間 60μs をつくる。この待ち時間は，サンプルホールド用コンデンサの充電時間約 20μs と A–D 変換時間 38.4μs の合計になる。この場合 20＋38.4＝58.4μs となり，delay_us(60)；とした。

value1=read_adc()；

　A–D コンバータから A–D 変換したディジタルデータを読み出し，value1 と名付けた変数に代入する。♯device ADC＝10 によって，A–D 変換を 10 ビットモードに指定したので，value1 の値は 0x3FF，すなわち $2^{10}=1\,024$ と計算でき

るが，0を含めるので，1 023がA–D変換データの最大値になる。

set_adc_channel(1);

　A–D変換チャンネル1の指定。

value2=read_adc();

　A–D変換したディジタルデータをvalue2という変数に代入する。

v3＝value1/100;　　……3桁目の計算

v2＝(value1－v3＊100)/10;　　……2桁目の計算

v1＝value1－v3＊100－v2＊10;　　……1桁目の計算

　102.4℃のとき，オペアンプ出力が5.00Vになるように非反転増幅回路を設計してある。value1の最大値は1 023なので，102.3℃のとき，value1＝1 023になる。

　ここで，例えば，28.3℃のときのv_3，v_2，v_1を求めてみよう。

　28.3℃のとき，value1＝283。v_3＝283/100＝2.83と計算できるが，v_3は実数型（float）ではなく，long型なので，2.83の小数点以下は切り捨てられ，v_3＝2となる。

　同様にして，v_2＝(283－2×100)/10＝8.3　→　v_2＝8。
　　　　　　v_1＝283－2×100－8×10＝3　→　v_1＝3。

if (value2＞value1)

{

　output_high(PIN_A2);

　　　　　　⋮

　プラスの温度からマイナスの温度領域に入ると，value1は0，value2の値は正になるので，value2＞value1が成り立つ。この条件で，RA2を"H"にし，トランジスタとリレーによる**リレー回路**を作動させる。リレーのb接点は，非反転増幅回路の出力とAN0ピンをつないでいるが，ここでb接点を断にし，非反転増幅回路とAN0ピンを切り離す。AN0ピンは10kΩのプルダウン抵抗により，完全に0Vになる。

display1();

display2();
　関数 display1 と display2 を呼び出す。
　if((STROBE<<=1)==0x10)　------ビット代入演算子<<=は，STROBEの値を1だけ左シフトし，STROBEに代入。このSTROBEの値が0x10に等しくなったとき，次に行く。
　{
　　　STROBE=0x01;　--------0x01をSTROBEに代入。
　　　POINT1=v1;　----------v1の値をPOINT1に代入。
　　　port_b=segment_data[POINT1];　---segment_dataの値をPORTBに出力。
　　　port_c=STROBE;　----STROBEの値をPORTCに出力。
　　　delay_ms(3);　----------3msの時間をつくる。
　　　port_c=0;　-------------PORTCをクリア。　　　　　　　　　　　　　　　　　　　前の桁表示が残らないように0.5msの空白時間を挿入する。
　　　delay_us(500);　--------500μs=0.5msの時間をつくる。

5.3　LCD表示によるディジタル温度計

5.3.1　制御回路

　図5.5は，LCD表示によるディジタル温度計の制御回路であり，その外観を図5.6に示す。前節の7セグメントLED表示によるディジタル温度計と比較すると，表示器が4行表示の**液晶表示器**(LCD)になっているだけで，電源回路，IC化温度センサ回路などは同じである。この温度計の温度表示範囲は－40℃～102℃までである。

　このディジタル温度計の最大の特徴は，図5.7の温度表示の一例に示すように，現在の温度と，その日，あるいはある時間内の最高温度・最低温度を同時に表示することができる。

　図5.7(a)に示すように，現在の温度，最高温度，最低温度がすべてプラスの

IC化温度センサ LM35CAZ
$+V_S$ (4〜30V)
output (0mV + 10.0mV/℃)
$-40℃ 〜 +110℃$ 測定
$+V_S$ G output

アルミケース
PL-3 (95×60×140)　(株)リード

駆動5V2回路2接点リレー（有極性）
b接点
A5W-OH-K
TAKAMISAWA
裏面図

三端子レギュレータ
7812　7805　7912
前面
IN GND OUT　GND IN OUT

LM35CAZ
+12V
2芯のシールド線を使用
R_2 36k　VR5k
+V_S
out put
G
R 240k
R_1 10k
−12V

非反転増幅回路

$R = -V_S / 50\mu A$
$= -(-12)/50 \times 10^{-6}$
$= 240k\Omega$

IC化温度センサ回路

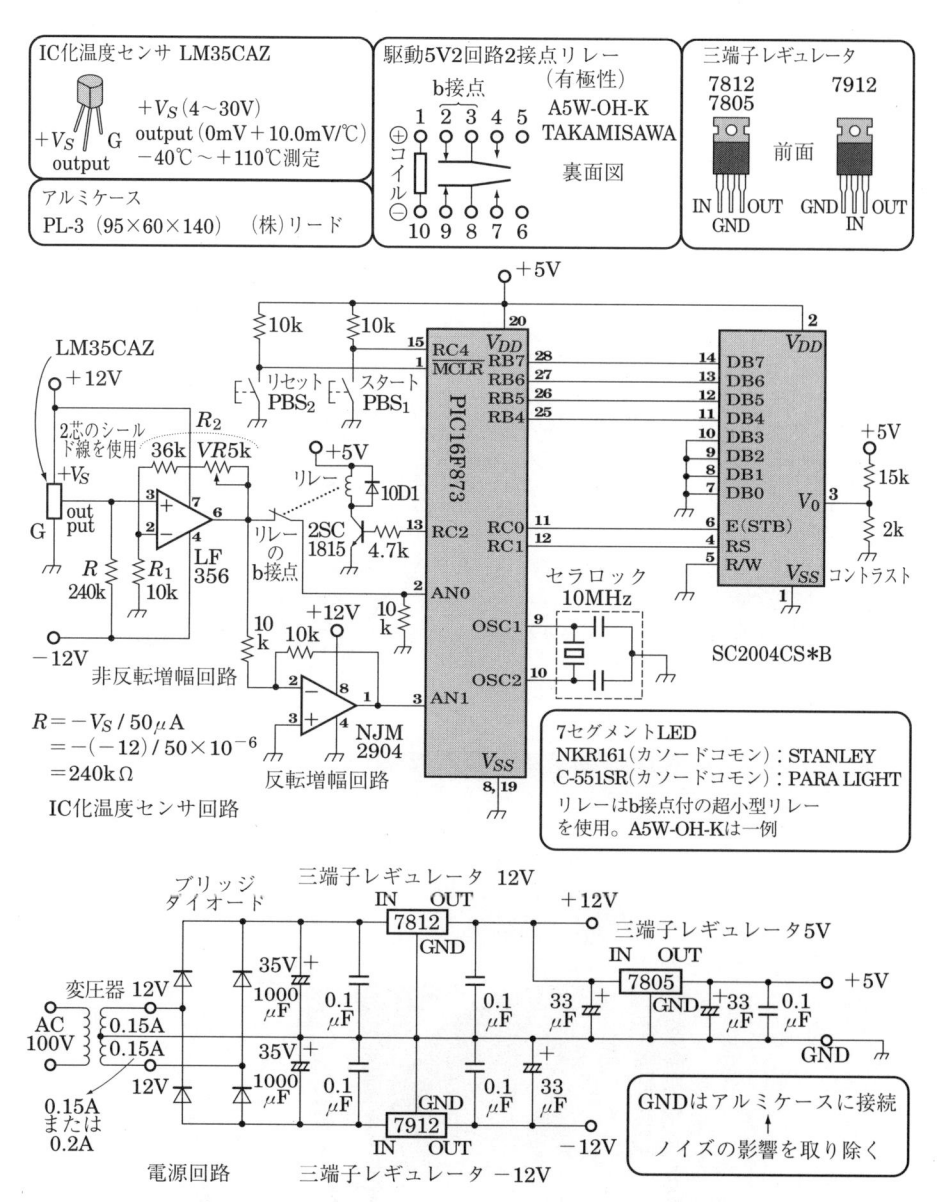

LF356
リレー
+5V
10D1
2SC1815
4.7k

+12V
10k 10k
NJM2904
反転増幅回路

PIC16F873
RC4　V_{DD}　RB7　DB7
MCLR　RB6　DB6
　　　 RB5　DB5
　　　 RB4　DB4
　　　　　　DB3
　　　　　　DB2
　　　　　　DB1
RC2　　　 DB0
RC0　E(STB)
RC1　RS
AN0　R/W　V_{SS}
OSC1
OSC2
AN1
V_{SS}

リセット PBS$_2$　スタート PBS$_1$

セラロック 10MHz

V_{DD}
+5V
15k
V_0
2k
コントラスト

SC2004CS*B

7セグメントLED
NKR161(カソードコモン): STANLEY
C-551SR(カソードコモン): PARA LIGHT
リレーはb接点付の超小型リレーを使用。A5W-OH-Kは一例

電源回路
ブリッジダイオード
変圧器 12V
AC 100V
0.15A
0.15A
0.15Aまたは0.2A
12V

三端子レギュレータ 12V
IN OUT 7812 GND
35V 1000μF　0.1μF　0.1μF　33μF
+12V

三端子レギュレータ 5V
IN OUT 7805 GND
33μF　0.1μF
+5V
GND

三端子レギュレータ −12V
IN OUT 7912 GND
35V 1000μF　0.1μF　0.1μF　33μF
−12V

GNDはアルミケースに接続　ノイズの影響を取り除く

図5.5　LCD表示によるディジタル温度計の制御回路

（a）外観

（b）内部

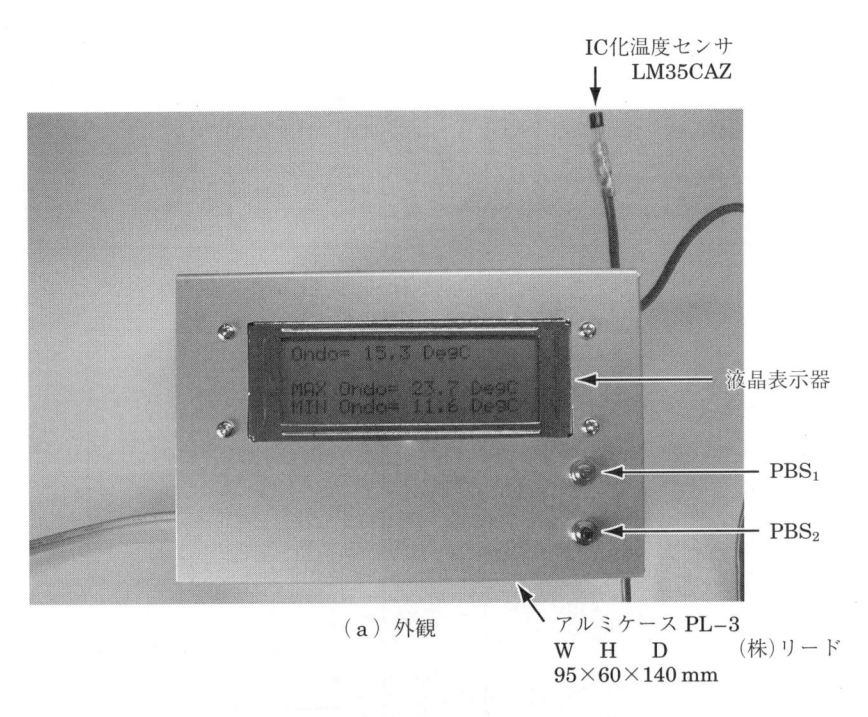

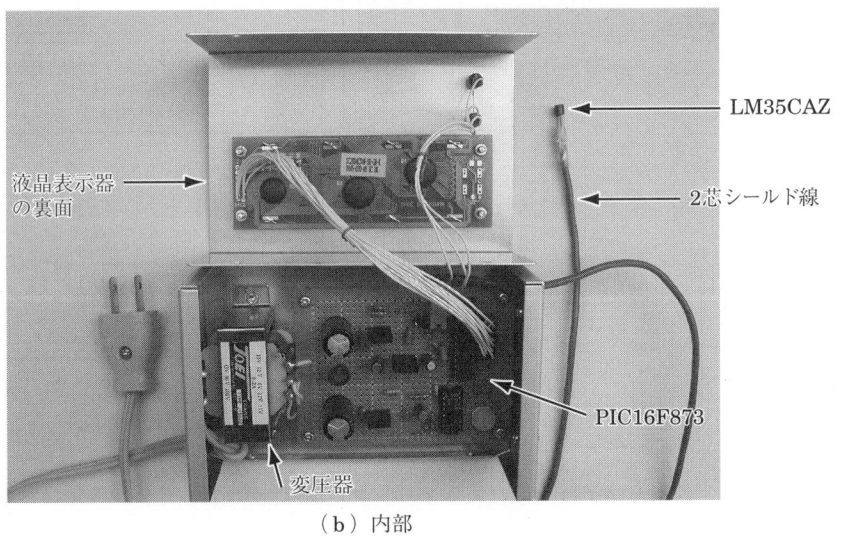

図 5.6　LCD 表示によるディジタル温度計の外観

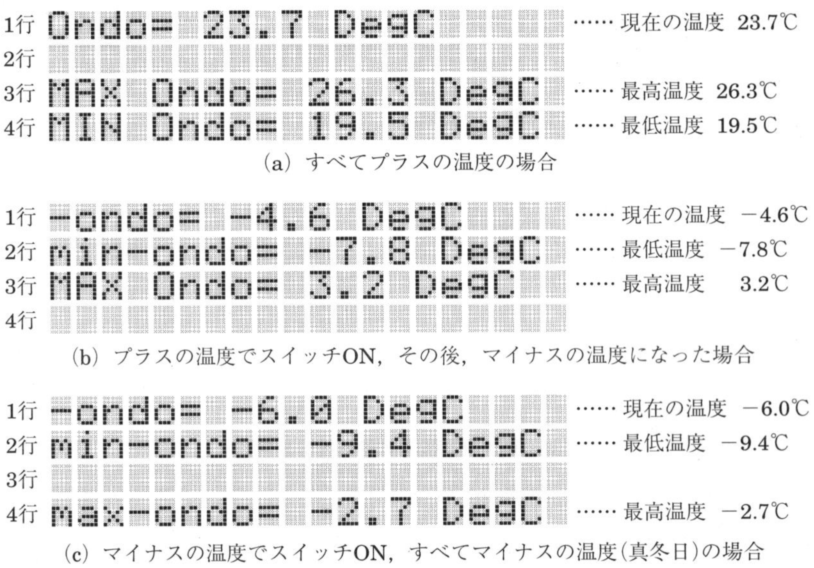

```
1行  Ondo=  23.7 DegC       …… 現在の温度  23.7℃
2行
3行  MAX Ondo=  26.3 DegC    …… 最高温度  26.3℃
4行  MIN Ondo=  19.5 DegC    …… 最低温度  19.5℃
```
(a) すべてプラスの温度の場合

```
1行  -ondo=  -4.6 DegC       …… 現在の温度  -4.6℃
2行  min-ondo=  -7.8 DegC    …… 最低温度  -7.8℃
3行  MAX Ondo=  3.2 DegC     …… 最高温度   3.2℃
4行
```
(b) プラスの温度でスイッチON，その後，マイナスの温度になった場合

```
1行  -ondo=  -6.0 DegC       …… 現在の温度  -6.0℃
2行  min-ondo=  -9.4 DegC    …… 最低温度  -9.4℃
3行
4行  max-ondo=  -2.7 DegC    …… 最高温度  -2.7℃
```
(c) マイナスの温度でスイッチON，すべてマイナスの温度(真冬日)の場合

図5.7　温度表示の一例

温度の場合は，LCDの1行目，3行目，4行目に表示する。

また，押しボタンスイッチPBS$_1$を押した時点で，現在の温度はプラスとし，その後マイナスの温度になっていくと，図(b)のような表示になる。1行目，2行目，3行目を使用し，4行目は表示しない。-ondoで現在のマイナスの温度を示し，min-ondoでマイナスの最低温度を表示する。

図(c)は，真冬日のように，その日の最高気温が0℃以下の例である。max-ondoで最高温度を表示する。

5.3.2　プログラムの作成

図5.8は，LCD表示によるディジタル温度計のフローチャートであり，そのプログラムをプログラム5.2に示す。

プログラム5.3は，Lcd制御ライブラリ2である。プログラム4.2のLcd制御ライブラリ1とほとんど同じであるが，プログラム4.2のPIN_A1がPIN_C1になり，PIN_A0がPIN_C0に変更されている。

```
                    START
                      │
                   初期化
                      │
         液晶表示用ファイルの読込み    #include<lcd_lib2.c>
                      │
              int型, float型宣言
                      │              ループ1
                      ├──────────────────┐
                      ▼         NO       │
                   ◇PBS₁ ON◇─────────────┘
                      │ YES
                 入出力の設定
                      │
             アナログ入力モードの設定
                      │
             A−D変換クロックの設定
                      │
                  LCD初期化         関数lcd_init( )を呼び出す
                      │
                  LCD全消去         関数lcd_clear( )を呼び出す
                      │
            A−D変換チャンネルの指定   channel(0)
                      │
                 60μsタイマ         A−D変換が完了するまでの待ち時間
                      │
            A−D変換データの読込み    value1 = read_adc( );
                      │
            A−D変換チャンネルの指定   channel(1)
                      │
                 60μsタイマ
                      │
            A−D変換データの読込み    value2 = read_adc( );
                      │
              ◇value1>value2◇──NO──┐
                      │ YES         │
                プラスの温度範囲      ▼
                                  ◇value2>value1◇──NO──┐
    v₁=value1/10                        │ YES           │
    MAX=v₁        現在の温度v₁を         マイナスの温度範囲 │
    MIN=v₁        MAXとMINに代入                        │
    MIN2=0        MIN2とMAX2に     v₂=value2/10          │
    MAX2=0        0を代入          MAX2=v₂    現在のマイナスの
                                  MIN2=v₂    温度v₂をMAX2と
         │                        MAX=0      MIN2に代入
    RC2は"L"  リレーOFF                 │      MAXに0を代入
         │                         RC2は"H"  リレーON
         │                              │
         ▼◄─────────────────────────────┘
        (A)
```

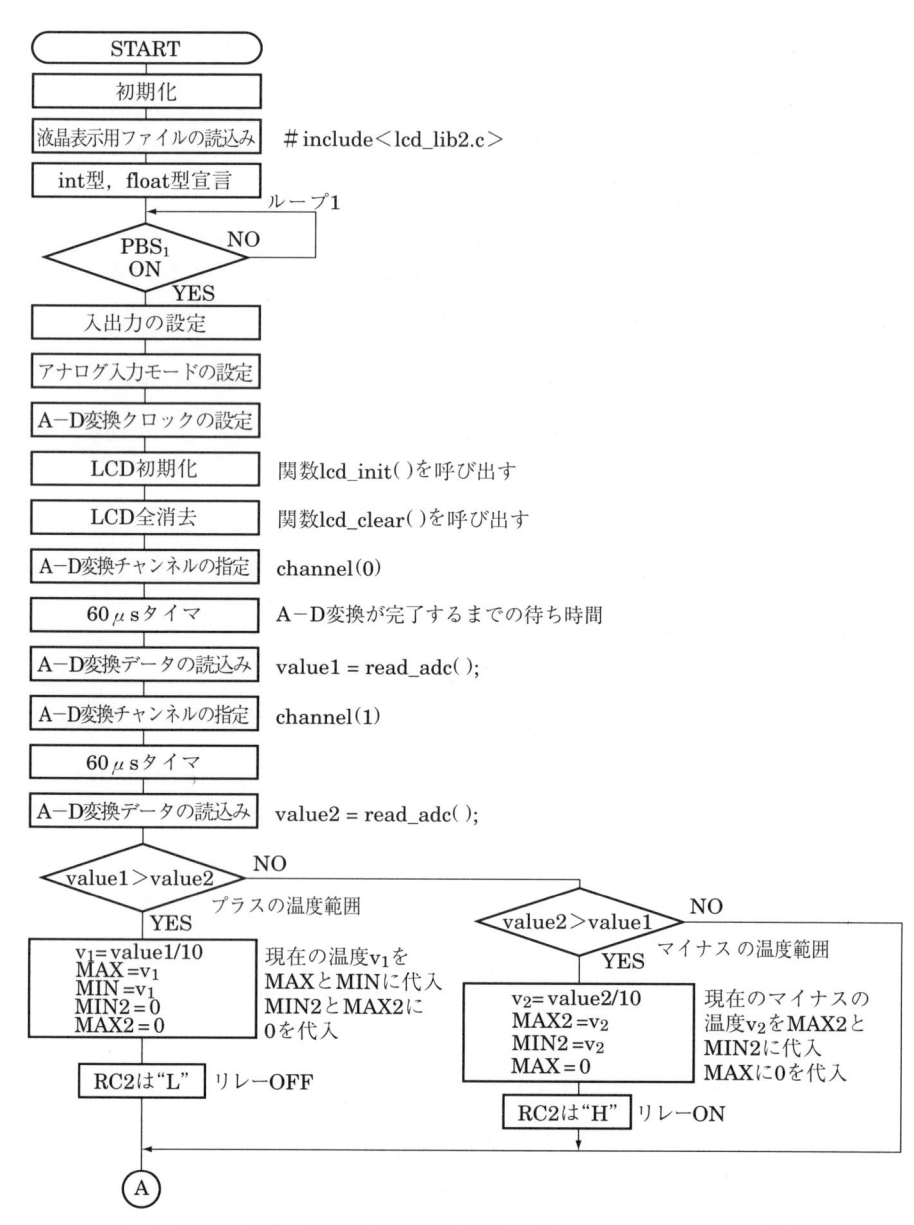

図5.8 LCD表示によるディジタル温度計のフローチャート (1)

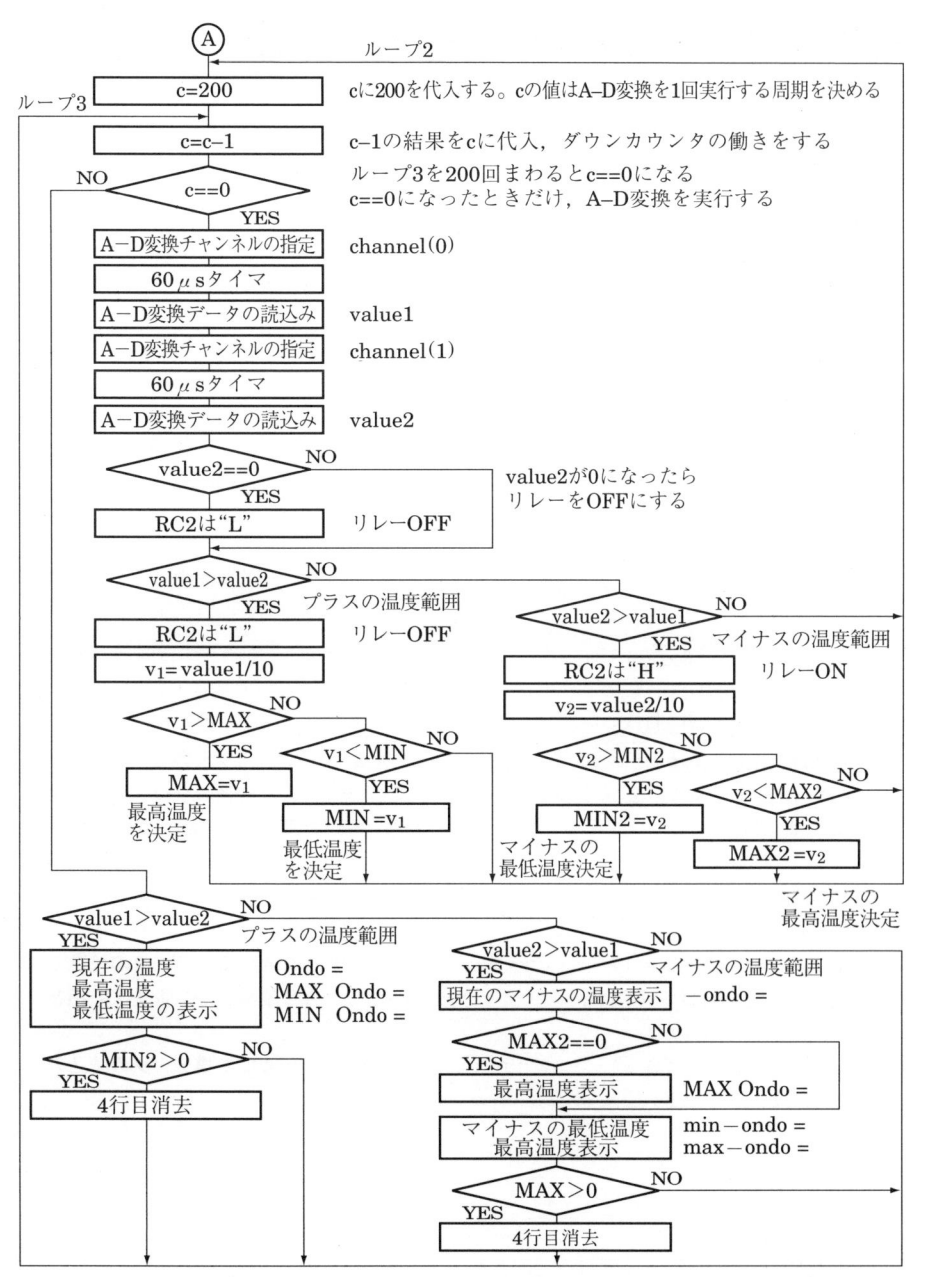

図5.8 LCD表示によるディジタル温度計のフローチャート (2)

プログラム 5.2　LCD表示によるディジタル温度計

```
#include <16f873.h>
#device ADC=10           ……………………………A-D変換を10ビットモードに指定
#fuses HS,NOWDT,NOPROTECT,PUT,NOLVP
#use delay (clock=10000000)
#use fast_io(b)
#include <lcd_lib2.c>    ………液晶表示用ファイル<lcd_lib2.c>の読込み
int c;
float value1,v1,value2,v2;
float MAX,MIN,MIN2,MAX2;
main()
{
  while(1)               ………………………………………………………………ループ1
  {
    if(input(PIN_C4)==0) ………
    break;               ……………………………PBS1 ONならループ1を脱出
  }
  set_tris_a(0x03);
  set_tris_b(0);
  set_tris_c(0x10);
  setup_adc_ports(RA0_RA1_RA3_ANALOG); …アナログ入力モードの設定
  setup_adc(ADC_CLOCK_DIV_32);     ……………A-D変換のクロックの設定
  lcd_init();            ………………………………………関数 lcd_init( )を呼び出す
  lcd_clear();           ……………………………………関数 lcd_clear( )を呼び出す
  set_adc_channel(0);    ………………………………A-D変換チャンネル0の指定
  delay_us(60);
  value1=read_adc();     ……………………………………A-D変換データの読込み
  set_adc_channel(1);    ………………………………A-D変換チャンネル1の指定
  delay_us(60);
  value2=read_adc();     ……………………………………A-D変換データの読込み
  if(value1>value2)
  {
    v1=value1/10;
    MAX=v1;
    MIN=v1;
    MIN2=0;
```

```
    MAX2=0;
    output_low(PIN_C2);      …‥RC2 を "L" にし, リレーを OFF にしておく
}
else if(value2>value1)
{
    v2=value2/10;
    MAX2=v2;
    MIN2=v2;
    MAX=0;
    output_high(PIN_C2);     ……………………………………………RC2 は "L"
}
while(1)                     ……………………………………………………ループ 2
{
    c=200;
    while(1)                 ……………………………………………………ループ 3
    {
        c=c-1;
        if(c==0)
        {
            set_adc_channel(0);
            delay_us(60);
            value1=read_adc();
            set_adc_channel(1);
            delay_us(60);
            value2=read_adc();
            if(value2==0)        ……………………………    value2==0 ならば, RC2 を
                output_low(PIN_C2);   ……‥         "L" にし, リレーの b 接点
            if(value1>value2)                       により, 非反転増幅回路の出
            {                                       力と AN0 ピンを接続する
                output_low(PIN_C2);  ……………………………………RC2 は "L"
                v1=value1/10;
                if(v1>MAX)
                    MAX=v1;
                else if(v1<MIN)
                    MIN=v1;
            }
            else if(value2>value1)
```

```
      {
        output_high(PIN_C2);           ……… RC2を"H"にし、リレー回
        v2=value2/10;                       路を作動させ、リレーのb
        if(v2>MIN2)                         接点を断にする
          MIN2=v2;
        if(v2<MAX2)
          MAX2=v2;
      }
      break;
  }
  if(value1>value2)    ……プラスの温度のとき、value1>value2になる
  {
    lcd_cmd(0x80);               ……………………………1行目の先頭を指定
    printf(lcd_data,"0ndo= %3.1f DegC ",v1); …0ndoの表示
    delay_ms(1);
    lcd_cmd(0x94);               ……………………………3行目の先頭を指定
    printf(lcd_data,"MAX 0ndo= %3.1f DegC ",MAX);……
    delay_ms(1);                                MAX 0ndoの表示
    lcd_cmd(0xD4);               ……………………………4行目の先頭を指定
    printf(lcd_data,"MIN 0ndo= %3.1f DegC ",MIN);……
    delay_ms(1);                                MIN 0ndoの表示
    if(MIN2>0)
    {
      lcd_cmd(0xD4);             ……………………………4行目の先頭を指定
      printf(lcd_data,"                    ");   ………4行目を消去
      delay_ms(1);
    }
  }
  else if(value2>value1)  マイナスの温度のときvalue2>value1になる
  {
    lcd_cmd(0x80);               ……………………………1行目の先頭を指定
    printf(lcd_data,"-ondo= -%2.1f DegC ",v2);  ……
    delay_ms(1);                                 －ondoの表示
    if(MAX2==0)
    {
      lcd_cmd(0x94);             ……………………………3行目の先頭を指定
```

```
            printf(lcd_data,"MAX 0ndo= %2.1f DegC ",MAX); ┆
            delay_ms(1);                                      MAX 0ndo の表示
         }
         lcd_cmd(0xC0);         ………………………………2行目の先頭を指定
         printf(lcd_data,"min-ondo=-%2.1f DegC ",MIN2); ┆
         delay_ms(1);                                      min－ondo の表示
         lcd_cmd(0xD4);         ………………………………4行目の先頭を指定
         printf(lcd_data,"max-ondo=-%2.1f DegC ",MAX2); ┆
         delay_ms(1);                                      max－ondo の表示
         if(MAX>0)
         {
           lcd_cmd(0xD4);       ………………………………4行目の先頭を指定
           printf(lcd_data,"                  ");   ………4行目を消去
         }
       }
     }
   }
}
```

プログラム5.3　Lcd 制御ライブラリ2

```
//<lcd_lib2.c>
void lcd_out(int code,int flag)    …………………………データ書込み関数
{
  output_b(code);
  if(flag==0)
    output_high(PIN_C1);
  else
    output_low(PIN_C1);
  delay_cycles(2);
  output_high(PIN_C0);
  delay_cycles(2);
  output_low(PIN_C0);
}
void lcd_data(int asci)          ………………………………表示データ出力関数
```

```c
{
  lcd_out(asci,0);
  lcd_out(asci<<4,0);
  delay_us(50);
}
void lcd_cmd(int cmd)           ················制御コード出力関数
{
  lcd_out(cmd,1);
  lcd_out(cmd<<4,1);
  delay_ms(2);
}
void lcd_clear()                ················全表示クリア関数
{
  lcd_cmd(0x01);
  delay_ms(15);
}
void lcd_init()                 ················初期化関数
{
  set_tris_b(0);
  delay_ms(16);
  lcd_out(0x30,1);
  delay_ms(5);
  lcd_out(0x30,1);
  delay_ms(1);
  lcd_out(0x30,1);
  delay_ms(1);
  lcd_out(0x20,1);
  delay_ms(1);
  lcd_cmd(0x2C);
  lcd_cmd(0x08);
  lcd_cmd(0x0D);
  lcd_cmd(0x06);
  lcd_cmd(0x02);
}
```

●解説

```
#include <lcd_lib2.c>
```
　液晶表示用ファイル＜lcd_lib2.c＞の読み込みをする。
```
int c;
```
　c という名前の int（8 ビット符号なし）型宣言。
```
float value1, v1, value2, v2;
float MAX, MIN, MIN2, MAX2;
```
　float（符号付 32 ビット浮動小数点数値）型宣言。
```
setup_adc_ports(RA0_RA1_RA3_ANALOG);
```
　RA0/AN0 ピン，RA1/AN1 ピンをアナログ入力モードに設定する。
```
setup_adc(ADC_CLOCK_DIV_32);
```
　A–D 変換クロックを PIC クロックの 1/32 に指定する。
```
lcd_init();
```
　LCD の初期化関数 lcd_init() を呼び出す。
```
lcd_clear();
```
　全表示クリア関数 lcd_clear() を呼び出す。
```
set_adc_channel(0);
```
　A–D 変換をするアナログポートのチャンネル番号を指定する。AN0（ピン番号 2）ピンをアナログ入力モードに設定したので，AN0 は 0 チャンネルになる。
```
delay_us(60);
```
　A–D 変換が完了するまでの待ち時間をつくる。
```
value1=read_adc();
```
　A–D コンバータから A–D 変換したディジタルデータを読み出し，value1 と名付けた変数に代入する。
```
v1=value1/10;
```
　102.4℃ のとき，オペアンプ出力が 5.00V になるように非反転増幅回路を設計してある。value1 の最大値は 1 023 なので，102.3℃ のとき value1＝1 023 に

なる．例えば，24.6℃のとき value1＝246 になるので，value1/10 の値を v_1 に代入する．v_1 は float 型なので，v_1 の値は 24.6 になる．

  MAX＝v1; ⎫ 押しボタンスイッチ PBS_1　ON のときの温度データである v_1 を，
  MIN＝v1; ⎭ 最高温度 MAX および最低温度 MIN に代入する．
  MIN2＝0; ------ マイナスの最低温度 MIN2 には 0 を代入しておく．
  MAX2＝0; ------ マイナスの最高温度 MAX2 には 0 を代入しておく．
  if(value2==0)
    output_low(PIN_C2);

プラスの温度のとき，value2 の値は 0 である．RC2 は "L" なのでリレーは OFF であり，温度センサ回路の非反転増幅回路の出力と PIC の AN0 ピンは，リレーの b 接点によってつながっている．

あるいは，マイナスの温度から 0℃ に温度上昇すると，value2 の値は 0 になる．このとき，RC2 を "L" にして，リレーを ON から OFF に戻す．リレーが OFF になると，切れていた非反転増幅回路と AN0 ピンは，リレーの b 接点を通してつながる．

  if(value1＞value2) ----------- プラスの温度のとき，value1＞value2 になる．
  {
    output_low(PIN_C2); --- RC2 を "L" にして，リレーを OFF にしておく．
    v1＝value1/10; ---------- value1/10 の値を v_1 に代入し，プラスの温度 v_1 を決
             める．
    if(v1＞MAX) ⎫ 最高温度 MAX より今の温度 v_1 が高ければ，v_1 の値
      MAX＝v1; ⎭------------ を MAX に代入する．
    else if(v1＜MIN) ⎫ さもなくば，今の温度が最低温度 MIN より低けれ
      MIN＝v1; ⎭------ ば，v_1 の値を MIN に代入する．
  }
  else if（value2＞value1） --- マイナスの温度のとき，value2＞value1 になる．
  {
    output_high(PIN_(C2); --- RC2 を "H" にして，リレーを ON にする．リレー
               の b 接点が断になるので，非反転増幅回路と AN

　　　　　　　　　　　　　　0 ピンの接続は切れる。

　　　v2＝value2/10;　　　----------value2/10 の値を v2 に代入する。マイナスの温度を
　　　　　　　　　　　　　　示す v2 の値は正の値である。
　　　if(v2＞MIN2)　　　 ⎫
　　　　　MIN2＝v2;　　　 ⎬----------マイナスの最低温度を示す正の値である MIN2 より v2 が
　　　　　　　　　　　　　⎭　　　　大きければ，v2 の値を MIN2 に代入する。
　　　if(v2＜MAX2)　　　 ⎫
　　　　　MAX2＝v2;　　　 ⎬----------マイナスの最高温度を示す正の値である MAX2 より
　　　　　　　　　　　　　⎭　　　　v2 が小さければ v2 の値を MAX2 に代入する。
}
lcd_cmd(0x80);
　表 4.2 のインストラクションにより，

　DDRAM Address Set　→　　DB7　DB6〜DB0
　　　　　　　　　　　　　　1　　DDRAM Address　になっている。
　この DDRAM Address に 1 行目の先頭メモリアドレス 0x00 を入れると，
　　　　　　　　　　　　　　DB7　DB6〜DB0
　　　　　　　　　　　　　　1　　000 0000　→　0x80
lcd_cmd(0xC0);
　　　同様にして，　　　　　DB7　DB6〜DB0
　　　　　　　　　　　　　　1　　100 0000　→　0xC0
　　　　　　　　　　　　　　　　　 └─2 行目のメモリアドレス 0x40
lcd_cmd(0x94);
　　　同様にして，　　　　　DB7　DB6〜DB0
　　　　　　　　　　　　　　1　　001 0100　→　0x94
　　　　　　　　　　　　　　　　　 └─3 行目のメモリアドレス 0x14
lcd_cmd(0xD4);
　　　同様にして，　　　　　DB7　DB6〜DB0
　　　　　　　　　　　　　　1　　101 0100　→　0xD4
　　　　　　　　　　　　　　　　　 └─4 行目のメモリアドレス 0x54
printf(lcd_data, " Ondo=%3.1f DegC ", v1);
　表示データ出力関数 lcd_data と printf 関数により，例えば，v_1 の値が 29.5 と

すると，"Ondo＝29.5 DegC"と表示する。

3.1f の 3.1 は，出力文字数を指定し，浮動小数点形式で，3 は整数部桁数，1 は小数部桁数を指定する。f は出力形式で浮動小数点の実数を指定する。

$\begin{cases} \text{lcd\_cmd(0xD4);} \\ \text{printf(lcd\_data, "}\qquad\qquad\text{");} \end{cases}$

4 行目をすべて消去する。

6. ライントレーサ

簡単なライントレーサを製作する。PIC搭載のライントレーサは，多くの本で紹介されているが，初学者にはハードウェア・ソフトウェアともに難しい内容と思われる。

ライントレーサの製作で難しいところは，光センサ回路の設計と調整である。本書のライントレーサは，光センサ回路を2つにし，光センサとして，3章の簡易回転計でも使用した反射型フォトインタラプタEE-SF5を使用する。EE-SF5は，ビス止めができるようにφ2の穴があるので固定しやすく，4本の電極端子も太くしっかりしている。光センサ回路でラインを検知し，ラインの有無をLEDで表示するが，このLED回路はゲートICを使用しているので，ライントレーサを走行させる前に光センサ回路の調整ができる。

また，ライントレーサを動かす前にボリュームの調整でライントレーサの速度を決めることができる。これはスタート後，PICのA-D変換回路の利用による。

このライントレーサは，C言語による制御なのでわかりやすく，誰が作っても正確に動作し，比較的低費用で簡単に作ることができる。

6.1 ライントレーサの概要

本章で製作するライントレーサは，フローリングやテーブル上に貼った白い（または黒い）ビニルテープをなぞって走る簡単な構造をした自走三輪車である。

図6.1に，PIC16F873を搭載したライントレーサの外観を示す。(株)タミヤ

(a) 上面図　　(b) 下面図

(c) 走行中

図 6.1　ライントレーサの外観

のユニバーサルプレート，ツインモータギヤボックス（低速ギヤー比 203：1）とスポーツタイヤセット（56mm 径），および小形プラスチックキャスタを組み合わせて，ライントレーサの車体をつくっている。

このライントレーサには，2 セットのフォトインタラプタを用いたセンサ回路と PIC 制御基板，およびモータ駆動用電池ボックス，PIC 回路用 006P 電池ホルダが搭載されている。

一般によく知られているライントレーサには，光センサとしてフォトインタラプタを 3 個使用したものが多いが，このライントレーサは，できるだけ簡単に製作できるように，**反射型フォトインタラプタを 2 個**使用している。

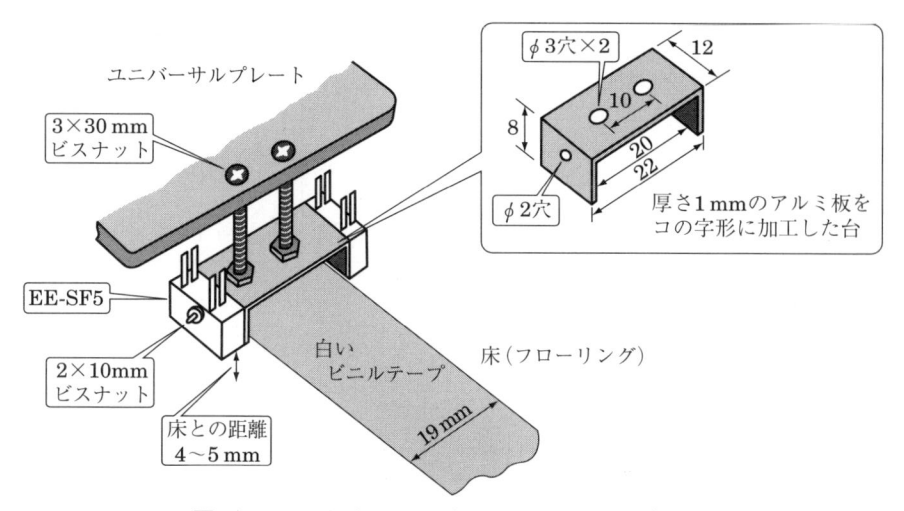

図 6.2 フォトインタラプタ EE-SF5 の取り付け

図 6.2 に，フォトインタラプタの取り付けの様子を示す．フォトインタラプタ EE-SF5 は，取り付け用の $\phi 2$ の穴があるので，図のようにアルミ板をコの字形に加工した台に取り付けて，ユニバーサルプレートとの間を太さ 3mm のビスとナットで固定する．EE-SF5 の焦点距離は 4.5mm なので，EE-SF5 と床（フローリング）との距離は 4〜5mm にする．

（株）タミヤのツインモータギヤボックスは DC モータが 2 個つき，2 種のギヤー比が選べるようになっている．標準仕様は A タイプと B タイプがあり，どちらもギヤー比は 58：1 である．低速仕様の C タイプは，ギヤー比が 203：1 であり，本書では低速仕様を利用する．これは，標準仕様では高速になり，ライントレーサがラインから外れてしまうことが多くなるからである．また，低速仕様ではトルクが大きくなり，ライントレーサには都合がよい．

6.2　ライントレーサの制御回路

図 6.3 に，ライントレーサの制御回路を示す．ライントレーサの制御回路は，電源回路，PWM 制御回路，DC モータ回路，フォトインタラプタ回路などから

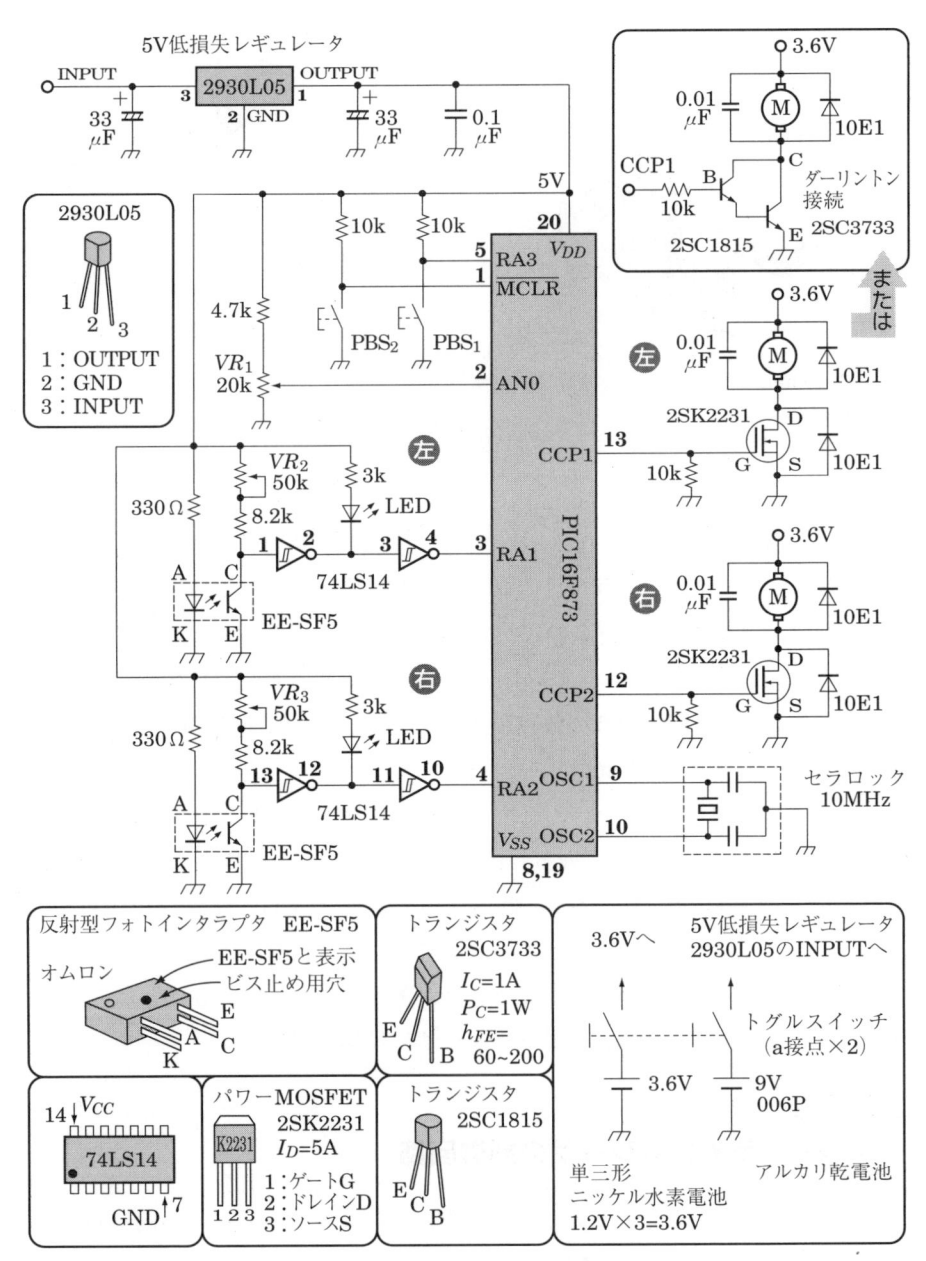

図6.3 ライントレーサの制御回路

構成されている。ここで，各回路について見てみよう。

電源回路

PIC回路の電源は，アルカリ乾電池006P(9V)を**5V低損失レギュレータ2930 L05**の入力とし，定電圧出力5Vを得ている。DCモータの駆動にはパワーMOS FETを2つ使用し，その電源として単三形ニッケル水素電池1.2Vを3本直列接続で使用する。ニッケル水素電池は**充電式電池**なので，充電器が必要となるが，1本1 800mAhもの容量があり，このライントレーサの駆動用には適している。

006P(9V)は消耗品なので，PIC回路の電源も単三形ニッケル水素電池(1.2V×4＝4.8V)にしてもよい。この場合，モータ駆動用電源は単三形ニッケル水素電池(1.2V×2＝2.4V)にし，図6.1において，モータ駆動用電池ボックスとPIC回路用電池ホルダの位置を入れ替えるとよい。

モータ駆動用電源が単三形ニッケル水素電池(1.2V×2＝2.4V)になっても，ライントレーサは動作するが，速度は遅くなる。この場合，図6.3において，ボリュームVR_1に直列接続している4.7kΩの抵抗は取り外す。

PWM制御回路

パワーMOS FET駆動回路は，PIC16F873のCCP1とCCP2ピンに接続する。後述するが，CCP1とCCP2は，PWM(Pulse Width Modulation；パルス幅変調)波形を出力する。例えば，図6.4に示すように，PWM波形のデューティ(パルス幅のHとLの比)の大小により，DCモータの速度制御ができる。同一の周期において，PWM出力電圧のONの時間がOFFの時間より長ければ，デューティは大きくなり，パワーMOS FETのON/OFF比が大きくなり，DCモータへの供給電力が大きくなるので，DCモータは高速運転になる。

このライントレーサの制御回路では，ボリューム$VR_1$20kΩの可変によりアナログ入力電圧を可変させ，**A-Dコンバータ**により**A-D変換**をしている。この結果，アナログ入力電圧が大きければ，PWM波形のデューティは大きくなり，DCモータは高速になる。逆に，アナログ入力電圧が小さければ，デューティは小さ

図 6.4　PWM 波形のデューティと周期

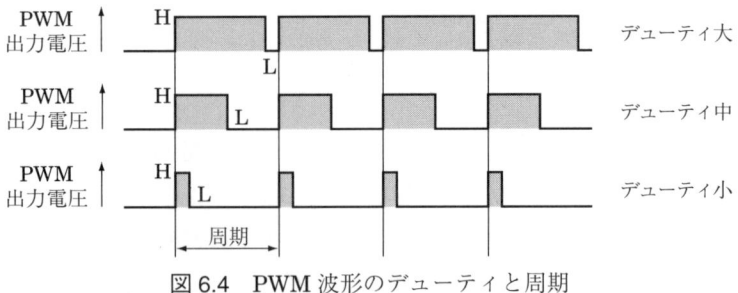

くなり，DC モータは低速になる．このように，VR_1 の調整によってライントレーサの速度を設定できる．

図 6.3 では，VR_1 に直列に 4.7kΩ の抵抗が入っている．これは，A–D 変換回路へのアナログ入力電圧を減少させ，DC モータへの平均印加電圧を最大でも 2.6V 程度にして，モータを保護している．

DC モータ回路

図 6.3 において，DC モータの駆動用に n チャンネルのパワー MOS FET が使用されている．パワー MOS FET は，ドレイン D を正電圧，ソース S を 0V にした状態で，ゲート G も 0V の状態から，ゲート G に正の電圧を印加すると，ドレイン D からソース S にドレイン電流が流れ，パワー MOS FET は ON になる．

続いて，ゲート電圧を正電圧から 0V または負電圧にすると，ドレイン電流は流れなくなり，パワー MOS FET は OFF となる．

この ON–OFF の動作を，CCP からの PWM 出力電圧によって繰り返すことにより，DC モータを駆動させている．

DC モータおよびパワー MOS FET には，逆並列にダイオードが接続されている．これは，DC モータのような誘導負荷を有するスイッチング回路において，PWM ドライブ信号の OFF 時に発生する高い逆起電力を吸収し，通電時にインダクタンス成分に蓄えられたエネルギーを電流として流している．このようにして，ノイズの抑制とパワー MOS FET の保護をしている．

パワー MOS FET の代わりにトランジスタを利用する場合は，図 6.3 に示すように，ダーリントン接続にするとよい。この場合，VR_1 に直列接続している 4.7 kΩ の抵抗は取り外す。

フォトインタラプタ回路

フォトインタラプタ EE-SF5 は，3 章の簡易回転計で使用したものと同じである。フォトインタラプタは，焦げ茶色の床（フローリング）に貼った白いビニルテープが，あるかないかを検知する。白いテープの真上に左フォトインタラプタがくると，フォトインタラプタのフォトトランジスタは，白いテープにより，赤外 LED からの反射光を多く受光する。このため，コレクタ電流が大きくなるので，負荷抵抗（8.2kΩ＋VR_2 50k）での電圧降下が大きくなり，フォトインタラプタの出力電圧は低くなる。2 段のシュミットトリガ回路（74LS14）で二度位相反転をするので，PIC の RA1 ピンは "L" 状態になる。このとき，LED は消灯している。

白いテープ以外の床の上に左フォトインタラプタがくると，赤外 LED からの反射光は減少し，コレクタ電流は小さくなり，負荷抵抗での電圧降下は小さく，フォトインタラプタの出力電圧は高くなる。シュミットトリガ回路で二度位相反転するので，PIC の RA1 ピンは "H" 状態になる。このようにして，1 つのパルスを作っている。RA1 ピンが "H" のとき，フォトインタラプタ回路（コレクタ C）の出力電圧は高いので，一段目のシュミットトリガ回路の出力電圧は "L" になる。このため，電源電圧 5V から LED に電流が流れ，LED は点灯する。

LED の点灯，消灯の調整は，ボリューム VR_2，VR_3 により，フォトインタラプタの出力電圧のレベルと電圧増幅度の調整でもあり，二段目のシュミットトリガ回路が正常に動作するようにしている。この調整により，白いテープの上にフォトインタラプタがくると LED は消灯，床の上なら点灯になる。

床（フローリング）に白いビニルテープを貼った場合，床の色は少し焦げ茶色がよい。明るい薄茶色の床の場合，フォトインタラプタが反応しないことがある。このような場合，床に黒いビニルテープでコースを作り，プログラムを一部変更

するとよい。

ここで，ライントレーサの調整と動作について述べよう。

ライントレーサの調整と動作

❶ 2つの電源のトグルスイッチをONにする。

❷ フォトインタラプタが白いテープの上にあるときは，LEDは消灯，床の上では点灯するように，VR_2とVR_3を調整する。

❸ この調整は，フォトインタラプタを白いテープの上に移動させ，VRを右にまわし，まずLEDを点灯させる。そして，VRを少しずつ左にまわし，LEDが消灯したところで止める。

❹ ライントレーサの速度を決めるA–D変換用のボリュームVR_1は中くらいの値に調整する。この調整によりPWM波形のデューティが決まる。

❺ 上から見て，白いテープの左右に2つのフォトインタラプタがくるように，ライントレーサを配置する。このとき，2つのLEDは点灯している。

❻ 押しボタンスイッチPBS_1をONにすると，ライントレーサは白いテープをなぞって走行する。このとき，PICのRA1，RA2ピンはともに"H"で，CCP1とCCP2には同じデューティのPWM波形が出力されている。したがって，左右のDCモータはどちらも同じ速さで正転する。

❼ ラインが右カーブにくると，右側のフォトインタラプタは白いテープの上にくるので，RA1は"H"のまま，RA2は"L"になる。すると，CCP1には，VR_1によって決められたデューティのPWM波形が出力され，CCP2は0ではなく，速度を1/4に落とすPWM波形が出力される。このため，ライントレーサは，滑らかに右へ曲っていく。

❽ ラインが左カーブになると，左側のフォトインタラプタは白いテープの上にくるので，RA1は"L"，RA2は"H"になる。すると，CCP2

には，VR_1 によって決められたデューティの PWM 波形が出力され，CCP1 には，速度を 1/4 に落とす PWM 波形が出力される。ライントレーサは左へ曲っていく。

⑨ ライントレーサがラインからよく外れるようであれば，VR_1 の調整により，ライントレーサの速度を落すか，もう一度 VR_2 と VR_3 を調整してみる。あるいは，ラインコースのカーブの半径を大きくするとよい。また，ラインコースの明るさが不均一の場合は均一にする。

⑩ 順調にライントレーサが走行するようであれば，VR_1 の値を最大にし，最高速度で走らせてみるとよい。

⑪ 押しボタンスイッチ PBS_2 の ON でリセットがかかり，ライントレーサは停止する。

⑫ ボリューム VR の調整はライントレーサを走らせるたびに必要であるが，何度も繰り返すと VR は壊れやすいので注意が必要である。

6.3 プログラムの作成

図 6.5 は，ライントレーサのフローチャートであり，そのプログラムをプログラム 6.1 に示す。

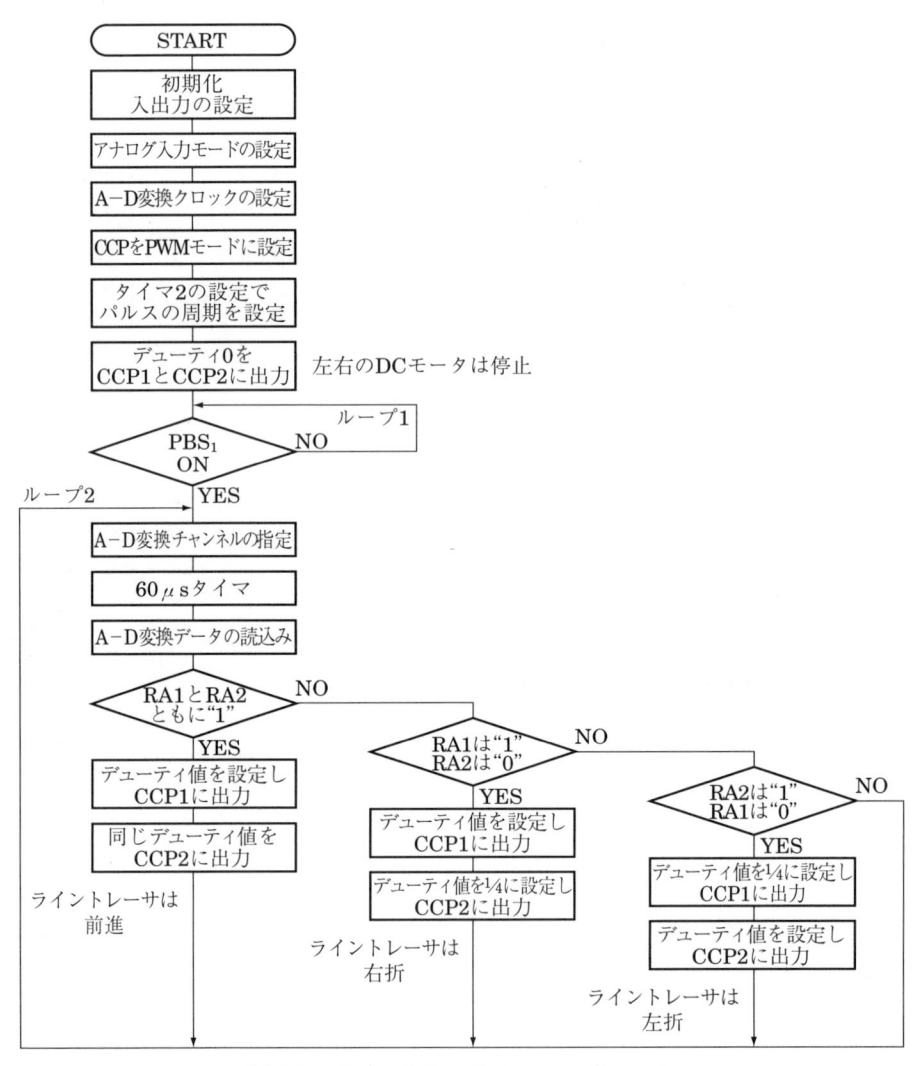

```
                    ┌─────────┐
                    │  START  │
                    └────┬────┘
                    ┌────┴────┐
                    │ 初期化    │
                    │ 入出力の設定 │
                    └────┬────┘
                ┌────────┴────────┐
                │ アナログ入力モードの設定 │
                └────────┬────────┘
                ┌────────┴────────┐
                │ A-D変換クロックの設定  │
                └────────┬────────┘
                ┌────────┴────────┐
                │ CCPをPWMモードに設定 │
                └────────┬────────┘
                ┌────────┴────────┐
                │ タイマ2の設定で        │
                │ パルスの周期を設定     │
                └────────┬────────┘
                ┌────────┴────────┐
                │ デューティ0を         │   左右のDCモータは停止
                │ CCP1とCCP2に出力   │
                └────────┬────────┘
                         │         ┌── ループ1
                        ◇ PBS₁ ON ─NO─┘
                         │YES
       ループ2           │
          │              │
          │         ┌────┴────┐
          │         │ A-D変換チャンネルの指定 │
          │         └────┬────┘
          │         ┌────┴────┐
          │         │ 60μsタイマ │
          │         └────┬────┘
          │         ┌────┴────┐
          │         │ A-D変換データの読込み │
          │         └────┬────┘
          │              ◇ RA1とRA2ともに"1" ─NO─┐
          │              │YES                    ◇ RA1は"1" RA2は"0" ─NO─┐
          │         ┌────┴────┐                   │YES                    ◇ RA2は"1" RA1は"0" ─NO─┐
          │         │ デューティ値を設定し │        ┌────┴────┐             │YES
          │         │ CCP1に出力     │        │ デューティ値を設定し │    ┌────┴────┐
          │         └────┬────┘        │ CCP1に出力     │    │ デューティ値を¼に設定し │
          │         ┌────┴────┐        └────┬────┘    │ CCP1に出力     │
          │         │ 同じデューティ値を │       ┌────┴────┐         └────┬────┘
          │         │ CCP2に出力     │       │ デューティ値を¼に設定し │  ┌────┴────┐
          │         └────┬────┘       │ CCP2に出力     │  │ デューティ値を設定し │
          │   ライントレーサは            └────┬────┘  │ CCP2に出力     │
          │    前進              ライントレーサは           └────┬────┘
          │                       右折          ライントレーサは
          │                                      左折
          └──────────────────────────────────────────┘
```

図 6.5　ライントレーサのフローチャート

プログラム 6.1　ライントレーサ

```
#include <16f873.h>
#device ADC=10                            ……………A-D変換を10ビットモードに指定
#fuses HS,NOWDT,PUT,NOPROTECT
#use delay(clock=10000000)
main()
{
  long value;
  set_tris_a(0x0f);
  set_tris_b(0);
  set_tris_c(0);
  setup_adc_ports(RA0_ANALOG);    ………………アナログ入力モードの設定
  setup_adc(ADC_CLOCK_DIV_32);    ………………A-D変換クロックの設定
  setup_ccp1(CCP_PWM);            ………………CCP1をPWM用に初期設定
  setup_ccp2(CCP_PWM);            ………………CCP2をPWM用に初期設定
  setup_timer_2(T2_DIV_BY_16,0xFF,1); …………タイマ2の設定で,
                                                  パルスの周期を設定
  set_pwm1_duty(0);               ………………
  set_pwm2_duty(0);               ……………… デューティ0をCCP1とCCP2に出力
  while(1)                        …………………………………………………ループ1
  {
    if(input(PIN_A3)==0)          ………………………PBS1 ON,スタート
      break;
  }
  while(1)                        …………………………………………………ループ2
  {
    set_adc_channel(0);           ………………A-D変換チャンネル0の指定
    delay_us(60);
    value=read_adc();             ………………A-D変換データの読込み
    if(input(PIN_A1)==1 && input(PIN_A2)==1) ………RA1とRA2は
                   *                    *            ともに"1"
    {
      set_pwm1_duty(value);       ……………… valueの値をパルスのデューティ
      set_pwm2_duty(value);       ………………     としてCCP1に出力
    }                                          valueの値をパルスのデューティ
                                                   としてCCP2に出力
```

6.3　プログラムの作成

```
      if(input(PIN_A1)==1 && input(PIN_A2)==0)  ……RA1 は "1" そ
      {                *                  *         して RA2 は"0"
        set_pwm1_duty(value);
        set_pwm2_duty(value/4); ……………value/4 の値をパルスのデュー
      }                                    ティとして CCP2 に出力
      if(input(PIN_A2)==1 && input(PIN_A1)==0)  ……RA2 は "1" そ
      {                *                  *         して RA1 は"0"
        set_pwm1_duty(value/4); ……………value/4 の値をパルスのデュー
        set_pwm2_duty(value);                ティとして CCP1 に出力
      }
    }              (注)*  薄茶色のフローリング(あるいは白紙)に黒のビニルテープ
  }                     でコースを作ったときは,*印の1を0,0を1に変更する。
}
```

●解説

#device ADC=10

A–D 変換を 10 ビットモードに指定する。

long value;

long(16 ビット符号なし)型宣言。value の値は $0 \sim 1\,023$ なので,long 型にする。

setup_adc_ports(RA0_ANALOG);

RA0/AN0(ピン番号 2)ピンをアナログ入力モードに設定する。

setup_adc(ADC_CLOCK_DIV_32);

A–D 変換クロックを PIC クロックの 1/32 に指定する。

PIC クロックが 10MHz のとき,A–D 変換クロック $= 10 \times 10^6/32 = 3.125 \times 10^5$ Hz。

周期 $= 1/3.125 \times 10^5 = 3.2 \times 10^{-6}\mathrm{s} = 3.2\,\mu\mathrm{s}$。1 ビットの変換時間は $3.2\,\mu\mathrm{s}$ となる。

PIC16F873 は 10 ビットの変換であるが,12 ビット相当の時間がかかる。このため,A–D 変換時間は $3.2\,\mu\mathrm{s} \times 12 = 38.4\,\mu\mathrm{s}$ となる。

setup_ccp1(CCP_PWM);
setup_ccp2(CCP_PWM);

CCPの動作モードをPWM用に初期設定する。CCP1，CCP2それぞれを設定する。

setup_timer_2(T2_DIV_BY_16, 0xFF, 1);

書式 setup_timer_2(mode, period, postscale);

タイマ2の設定で，periodを設定することでパルスの周期を決める。

mode

T2_DISABLED

T2_DIV_BY_1, T2_DIV_BY_4, T2_DIV_BY_16

ここで，1, 4, 16はプリスケーラのプリスケール値である。プリスケーラとは，8ビットのカウンタ(TMR2)の前段にある入力パルスの分周用に使うカウンタで，1, 4, 16の3段階に切替えることができる。

period

0～255の分周比を設定する。8ビット値で，ここでは周期最大の255とする。

postscale

0～15のポストスケーラのポストスケール値を設定する。ポストスケーラとは，後段にあるカウンタで，オーバフローの回数カウント用に使い，割込みに利用するが，PWM制御では使わない。ここでは1にしておく。

パルスの周期と周波数は次の式で計算できる。

周期＝(periodの値＋1)×1サイクルの命令時間×プリスケール値

クロック周波数10MHzの場合

$$1\text{命令の時間} = (1/10 \times 10^6) \times 4 = 0.4 \times 10^{-6} \text{s}$$

↑
4つのクロックパルスで1命令なので4

periodの値＝255，プリスケール値＝16 なので，

周期＝$(255+1) \times 0.4 \times 10^{-6} \times 16 = 1.6384 \times 10^{-3}$s

周波数＝1/周期＝$1/1.6384 \times 10^{-3} = 610.4$Hz

図6.6に，クロック周波数10MHzの場合のパルスの周期と周波数を示す。

パルス H L

周期=1.6384×10⁻³s

$周波数 = \dfrac{1}{周期} = \dfrac{1}{1.6384\times 10^{-3}} = 610.4\text{Hz}$

図6.6 パルスの周期と周波数

set_pwm1_duty(0);
set_pwm2_duty(0);

valueの値0をパルスのデューティ（パルス幅のHとLの比）としてCCP1とCCP2に出力する。デューティ0なので，パルスはなくなり，電圧は0になる。

set_adc_channel(0);

A–D変換をするアナログポートの**チャンネル番号**を指定する。AN0（ピン番号2）ピンをアナログ入力モードに設定したので，AN0は0チャンネルになる。

delay_us(60);

A–D変換が完了するまでの待ち時間をつくる。この待ち時間は，サンプルホールド用コンデンサの充電時間約 $20\,\mu s$ とA–D変換時間 $38.4\,\mu s$ の合計になる。$20+38.4=58.4\,\mu s$ となり，delay_us(60) とする。

value=read_adc();

A–DコンバータからA–D変換したディジタルデータを読み出し，valueと名付けた変数に代入する。valueの値は0から最大で1 023となる。

set_pwm1_duty(value);

この関数は，PWM方式のデューティを任意の値にセットする。16ビットデータで10ビットが有効となる。10ビットなので $2^{10}=1\,024$ となり，valueの値を0〜1 023まで指定することができる。1 023でデューティ100%になる。ここでは，A–D変換されたvalueの値をパルスのデューティとしてCCP1に出力する。

set_pwm2_duty(value/4);

value/4の値をパルスのデューティとしてCCP2に出力する。

7. CCS 社-C コンパイラと PIC ライタ

　MPLAB は，マイクロチップ・テクノロジー社より無料提供されている統合開発環境ソフトウェアであり，エディタ，アセンブラ，シミュレータが組み込まれている。本書で使用している CCS 社の PIC C コンパイラ(PCM)は，MPLAB と統合することができ，PCM を MPLAB 上に組み込んでしまうと，大変使い勝手がよくなる。

　本章では，MPLAB と PCM の統合した使い方として，言語ツールの設定，ソースファイルの作成，プロジェクトファイルの作成，コンパイルを中心に解説する。

　PIC ライタは，秋月電子通商製の PIC プログラマキット Ver.3 を使用する。この PIC ライタは，Windows パソコンに対応し，PIC マイコンのほぼすべてにプログラムを書き込むことができる。

7.1 CCS 社-C コンパイラの概要

　米国 CCS 社 (Custom Computer Services Inc.) の PIC C コンパイラは，もともとは DOS 環境で動作するコンパイラであるが，Windows 上で，マイクロチップ・テクノロジー社 (Microchip Technology Inc.) の統合開発環境ソフト MPLAB (エムピー・ラブ) と統合することができる。

　C コンパイラを MPLAB 上に組み込んでしまうと，MPLAB 環境が主となり，C コンパイラは陰に隠れてしまう。このため，ソースファイルやプロジェクトファイルの作成，およびコンパイルやデバックが MPLAB 上でできるようになり，扱いやすくなる。

CCS-C は，今まで，PCB，PCM，PCW の3つのタイプがあったが，さらに PCH と PCWH が追加された。PCB は 12 ビット幅の命令をもつ PIC のベースラインシリーズ用，PCM は 14 ビット幅の命令をもつミドルレンジシリーズ用のコンパイラである。そして，PCB と PCM 含み，さらにアプリケーションの開発を強力にサポートする追加機能をもったのが PCW である。また，PCH は 16 ビット幅の命令をもつハイエンドシリーズ用で，PCW に PCH を追加したのが PCWH である。本書では，14 ビット命令長の PIC16F84A と PIC16F873 を使用するので，PCM を使うことにする。PCM は，14 ビット命令長のおおかたの PIC に対応する。

PCM コンパイラ本体はフロッピーディスク2枚に収められていて，(株)アイ・ピイ・アイから購入すると，次のものが付属している。

- 英文マニュアル（ページ数 195）
- 和文クイック・リファレンス・マニュアル（ページ数 47）
  CCS-C 特有のプリプロセッサコマンド，PIC の組込み関数の解説等。
- CCS-C のインストール手順書（ページ数 4）
- MPLAB（CD-ROM）

本書では，MPLAB と PCM の統合した使い方を解説する。

7.2　MPLAB と PCM のインストール

MPLAB のインストール

最初に，マイクロチップ・テクノロジー社の MPLAB をインストールする。通常の Windows アプリケーションと同じにインストールする。デフォルトでは，MPLAB は C:¥Program Files¥MPLAB へインストールされる。

PCM のインストール

次に，通常の Windows アプリケーションと同じに，CCS-C コンパイラ PCM をインストールする。デフォルトでは，PCM は，C:¥Program Files¥PIC C へインストールされる。

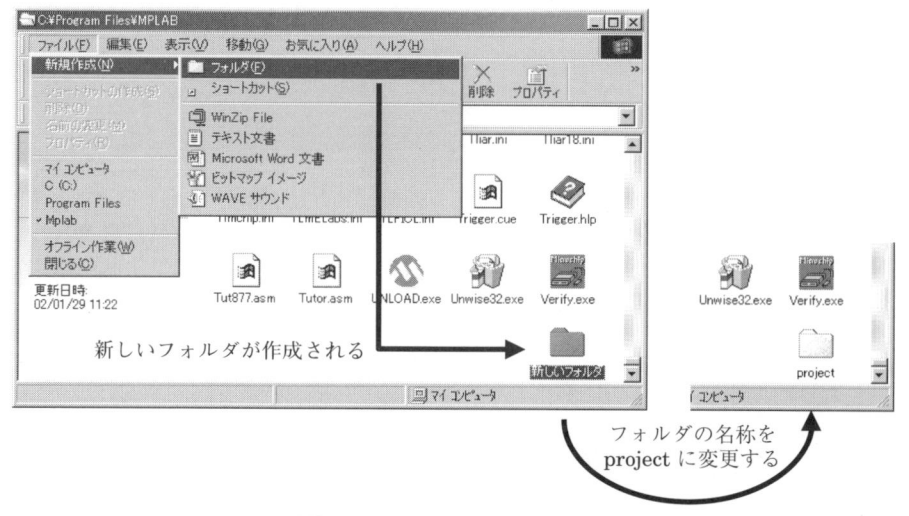

図7.1　project フォルダの作成

7.3　project フォルダの作成

　MPLABのインストール終了後，図7.1に示すようにして，MPLABフォルダ内にprojectフォルダを作成する。これは，これから開発する各プログラムを格納する場所になる。図において，「ファイル」→「新規作成」→「フォルダ」で「新しいフォルダ」を作成し，名称を"project"に変更する。名称の変更は，次のようにする。「新しいフォルダ」にマウスポインタ（カーソル）を合わせ，マウスの右ボタンをクリックすると，「名前の変更」とあるので，ここを左クリックし，"project"に書き換える。

7.4　MPLAB のショートカットアイコンの作成

　デスクトップにMPLABのショートカットアイコンを作成する。図7.2のMPLABフォルダにおいて，MPLABのアイコンにマウスポインタを合わせ，マ

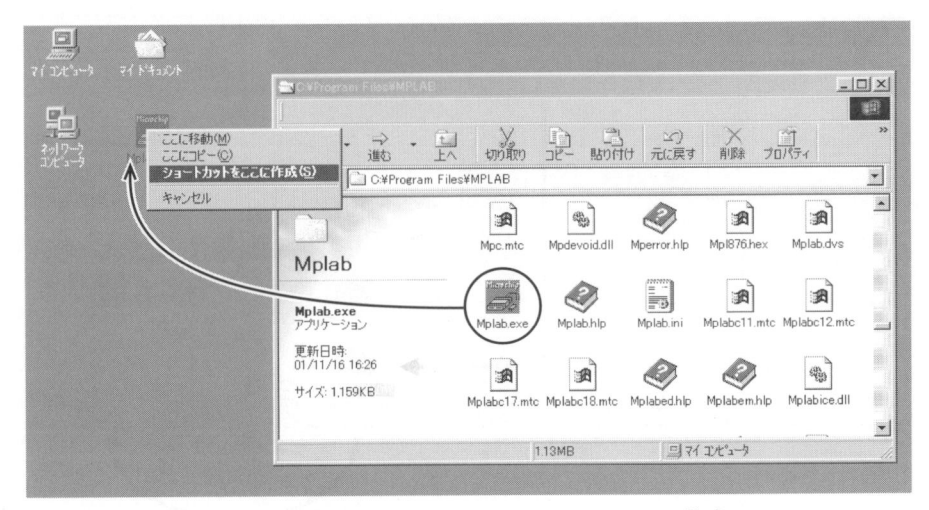

図7.2　MPLABのショートカットアイコンの作成

ウスの右ボタンを押したまま，MPLABのアイコンをデスクトップ上にドラッグする。目的の位置でアイコンをドロップすると，メニューが表示されるので，「ショートカットをここに作成」を選択する。これでMPLABのショートカットアイコンができる。

デスクトップ上のMPLABショートカットアイコンをダブルクリックすることによって，MPLABは起動する。

7.5　開発モードの設定

MPLABには，いくつかの開発モードがある。ここでは，デバッグもできるようにするため，シミュレータを使えるモードに設定する。

開発モードの設定

❶ MPLABショートカットアイコンをダブルクリックし，MPLABを起動させる。

❷ 起動後のメニューバーから，「Options」→「Development Mode」を

MPLAB SIM Simulator をチェックする

PIC16F84A を選択する

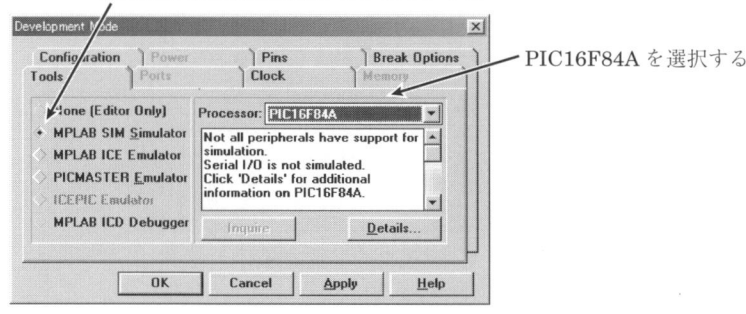

図 7.3 Development Mode ダイアログ

選択する。

❸ すると，図 7.3 の Development Mode ダイアログが開くので，Tools パネルの「MPLAB SIM Simulator」をチェックし，「Processor」を PIC16F84A にして，OK ボタンをクリックする。

❹ 続いて，シミュレータプログラムメモリの注意についてのダイアログが表示されるので，OK ボタンをクリックする。

7.6 MPLAB と PCM の統合した使い方

7.6.1 言語ツールの設定

言語ツールを CCS-C-COMPILER とするため，言語ツールの設定をする。

① MPLAB を起動させ，起動後のメニューバーから，「Project」→「Install Language Tool」を選択する。

② 図 7.4 の Install Language Tool 画面にするため，画面ダイアログ窓の左上の Language Suite：選択ボタンで CCS を選択する。

③ すると，Tool Name：は C-COMPILER になる。

④ Executable：は CCSC.EXE を選択する。

⑤ Command-Line を ON にし，最後に OK ボタンをクリックする。

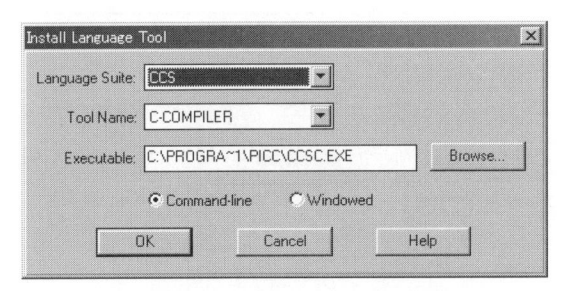

図 7.4　言語ツール設定画面

7.6.2　ソースファイルの作成

本書では，プログラムの作成は，MPLAB に付属するエディタを使用する。ここで，ソースファイルの作成手順を述べよう。

ソースファイルの作成手順

❶ メニューバーから，図 7.5(a) のように「File」→「New」を選択すると，図 7.5(b) の Create Project のダイアログが表示される。もし，このダイアログが開かない場合は，「Project」→「Close Project」を選択する。Save Project ダイアログが開くので，No ボタンをクリックする。そして，「File」→「New」を選択する。

❷「新しいプロジェクトを作成しますか？」と聞いてくるので，あとで作成するため，No ボタンをクリックする。

❸ 図 7.6 に示すように，例えば pro1-1 と名づけたプログラムを書き込む。

❹ プログラムをすべて入力したならば，「File」→「Save As」を選択する。

❺ 図 7.7 に示すような Save File As ダイアログが開くので，Directories を C:￥Program Files￥MPLAB￥project，File Name を pro1-1.c にして，OK ボタンをクリックする。これで，ソースファイル pro1-1.c ができる。C のソースファイルの拡張子は .c を使用する。

(a) メニューの選択

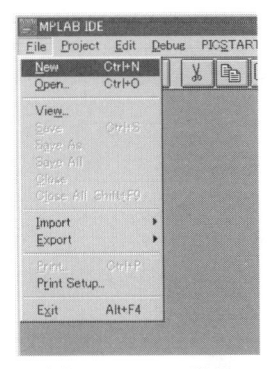

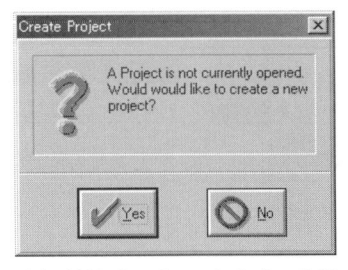

(b) 新規プロジェクト作成の確認

図 7.5　新しいプロジェクトの作成

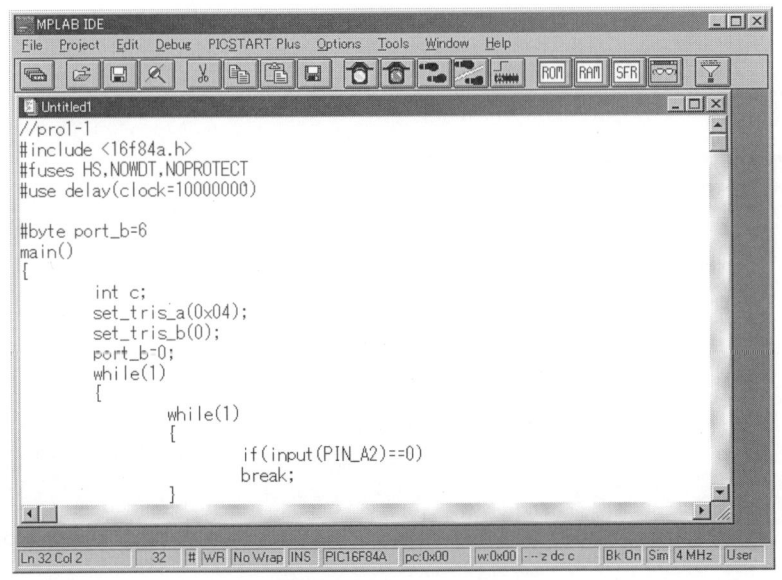

```
//pro1-1
#include <16f84a.h>
#fuses HS,NOWDT,NOPROTECT
#use delay(clock=10000000)

#byte port_b=6
main()
{
        int c;
        set_tris_a(0x04);
        set_tris_b(0);
        port_b=0;
        while(1)
        {
                while(1)
                {
                        if(input(PIN_A2)==0)
                        break;
                }
```

図 7.6　プログラムの作成

7.6 MPLAB と PCM の統合した使い方　159

(a) メニューの選択

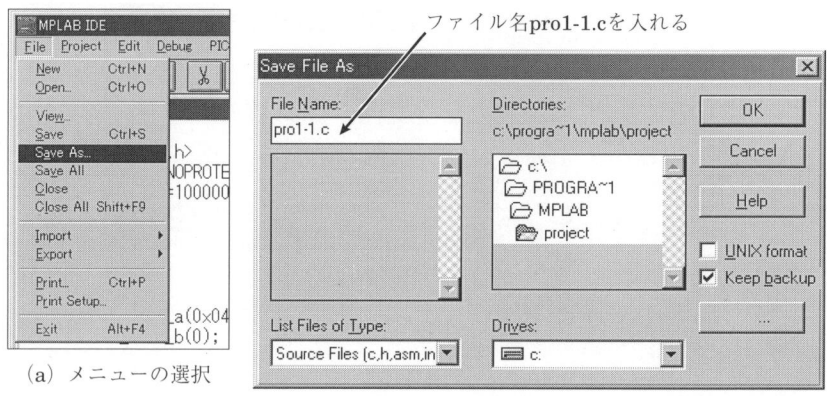

(b) プログラムファイルの保存

図 7.7　Save File As ダイアログ

7.6.3　プロジェクトファイルの作成

プロジェクトの設定

❶ メニューバーから,「File」→「New」を選択すると, 図 7.5 の Create Project ダイアログが表示される。

❷ これは,「新しいプロジェクトを作成しますか?」と聞いているので, Yes ボタンをクリックする。すると, 図 7.8 に示すような New Project ダイアログが表示される。

❸ あるいは, メニューバーから,「Project」→「New Project」を選択しても同じである。

❹ New Project ダイアログで, Directories を C:¥Program Files¥MPLAB ¥project, File Name を pro1-1.pjt にして, OK ボタンをクリックする。ここで, **プロジェクトファイルの拡張子は** .pjt とし, ソースファイル名とプロジェクトファイル名は同じにする。

❺ 図 7.9 のように, Edit Project ダイアログが開くので, プロジェクト

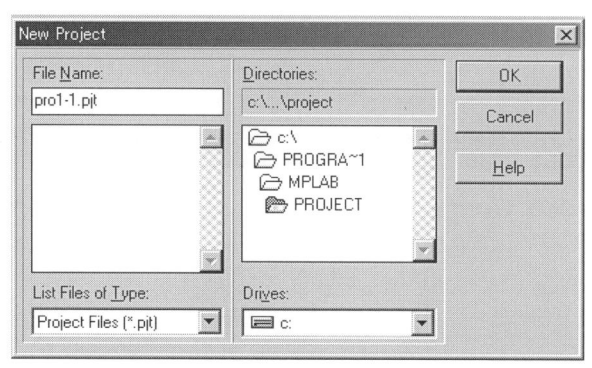

図 7.8 New Project ダイアログ

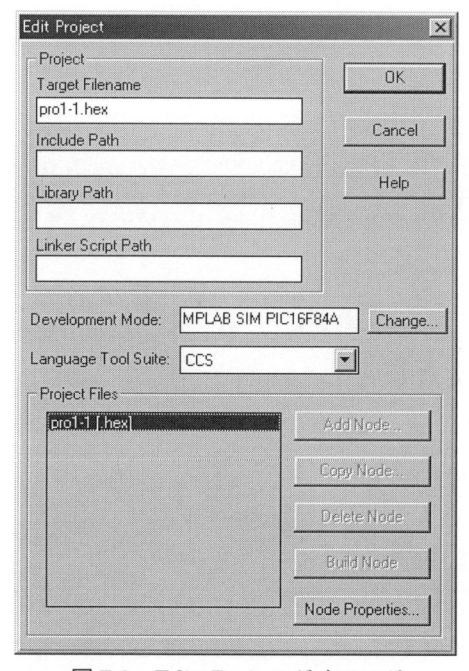

図 7.9 Edit Project ダイアログ

作成環境を設定する。

Target Filename は，プロジェクトファイル名に拡張子 .hex が付加され，pro1-1.hex になっている。また，7.5 節で設定した Development

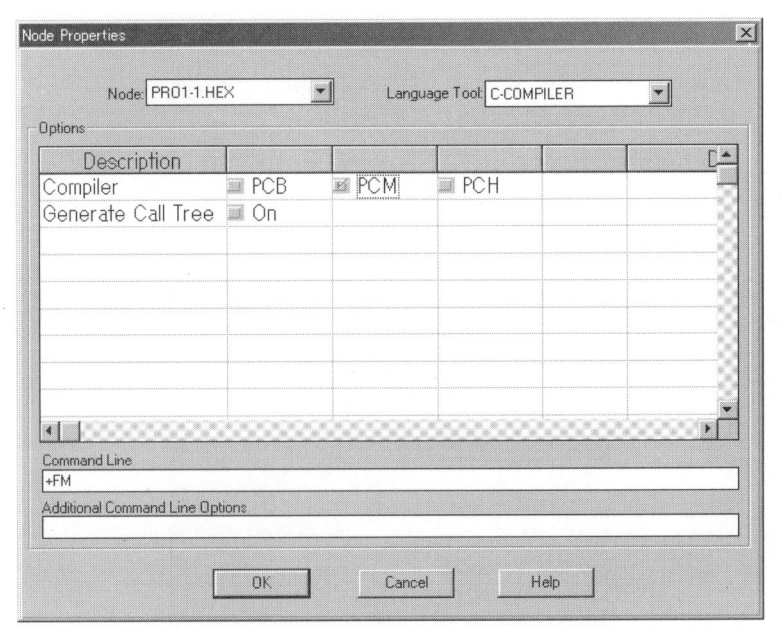

図 7.10　Node Properties ダイアログ

Mode をここでも設定できる。Development Mode は MPLAB SIM PIC16F84A にする。Language Tool Suite の設定を CCS にする。

❻ 図 7.9 で，Project Files 中のファイル「pro1-1[.hex]」をクリックし，「Node Properties」をクリックすると，図 7.10 の Node Properties ダイアログが開く。ここで，Node は PRO1-1.HEX, Language Tool は C-COMPILER となっていることを確認する。

　Compiler オプションの設定は，14 ビット版の PCM を使っているので PCM を選択する。これで C コンパイラに関する設定は終わりとなり，OK ボタンを押して設定完了である。

❼ 画面は再び Edit Project ダイアログに戻るので，「Add Node」をクリックすると，図 7.11 の Add Node ダイアログが開く。

❽ 図 7.11 の Add Node ダイアログにおいて，ソースファイル名を pro1-

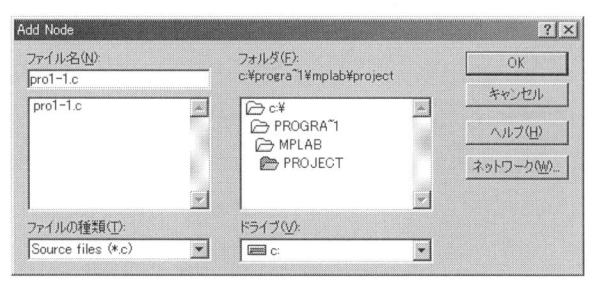

図 7.11 Add Node ダイアログ

1.c と入力し，OK ボタンをクリックする。すでにソースファイルがあるときは，ファイル選択ダイアログで，そのファイルを選択し，OK ボタンをクリックする。

❾ これで Project の設定が完了し，図 7.12 に示す Edit Project ダイアログが開く。OK ボタンをクリックする。

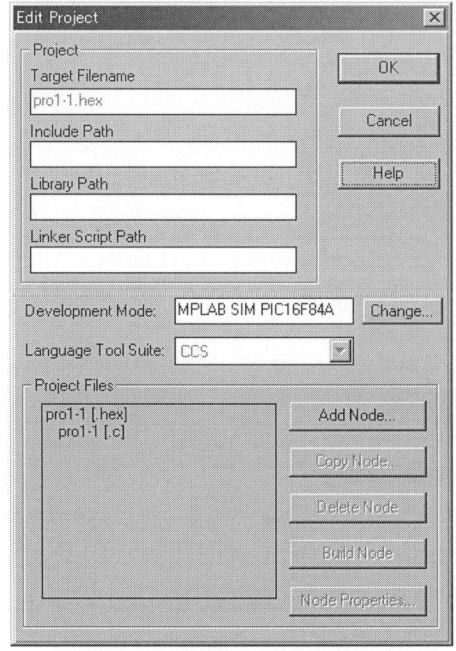

図 7.12 Project の設定完了

7.6.4 コンパイル

ソースファイルがプロジェクトに組み込まれると，コンパイルを始めることができる。コンパイルは次のようにする。

コンパイル

❶ メニューバーから，「File」→「Open」を選択すると，図7.13のようなOpen Existing Fileダイアログが表示される。すでにコンパイルをしたいプログラムが表示されていれば，❶，❷は省略し，❸より始める。

❷ ファイル名を選択し，OKボタンをクリックすると，これからコンパイルをしたいプログラムが表示される。

❸ コンパイルは，「Project」→「Make Project」あるいは，「Project」→「Build All」で実行される。

❹ エラーが1つもなければ，図7.14のようなBuild Resultsとなり，HEXファイルが自動的に生成される。

❺ エラーがあると，図7.15のようなBuild Resultsとなり，エラーメッセージが出る。エラーメッセージの行をダブルクリックすると，プログラム表示のエディタへWindowが切り替り，エラーを含む行にカーソルが移動する。このため，エラーの原因をすぐ修正することができ

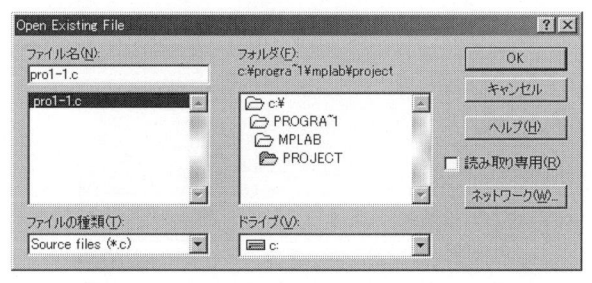

図7.13 Open Existing Fileダイアログ

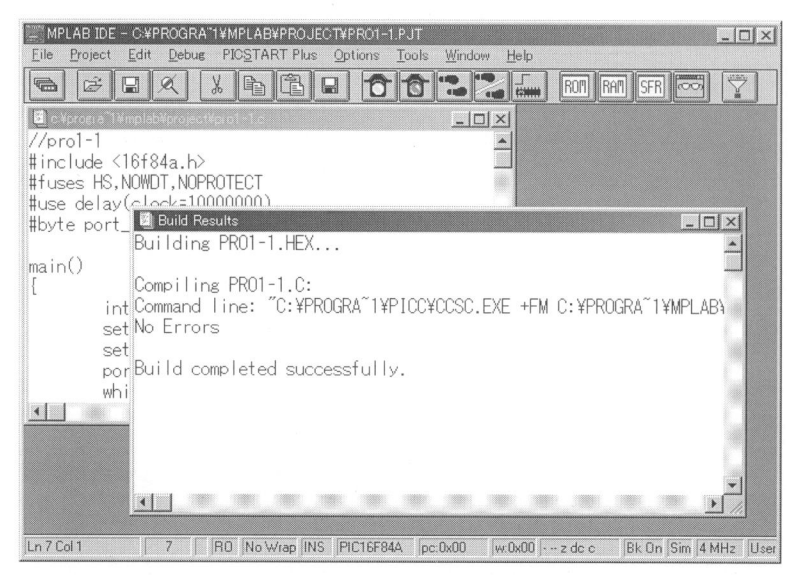

図7.14 コンパイル結果の表示

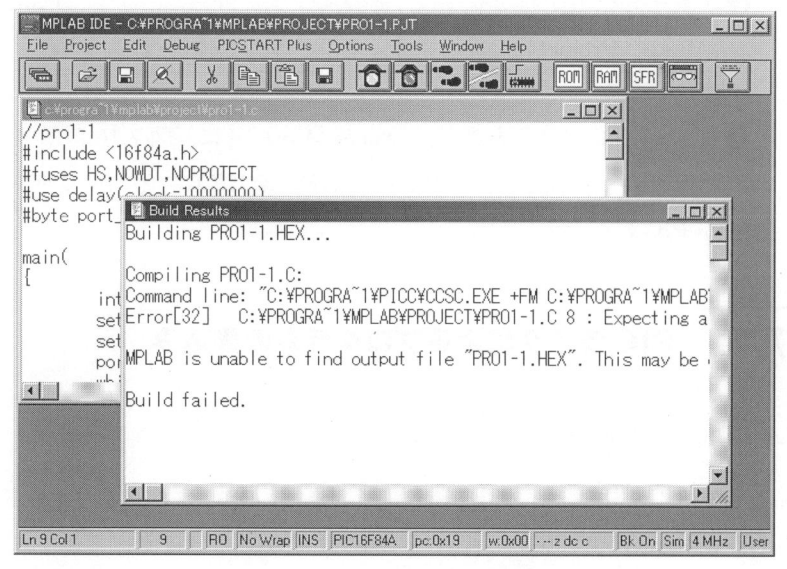

図7.15 コンパイルエラーの表示

7.6 MPLAB と PCM の統合した使い方

図 7.16　project 内の各種ファイル

る。

❻ エラーの原因がわかったら，その場ですぐ修正し，また「Project」→「Make Project」を実行する。エラーがなくなるまで，これを繰り返す。

❼ コンパイルが完了すると，project フォルダに，図 7.16 に示すようなファイルが生成される。PRO1–1.HEX は HEX ファイルであり，これが PIC に書き込む機械語プログラムである。

7.7　PIC ライタによるプログラムの書込み

7.7.1　PIC ライタ

本書で使用する PIC ライタは，秋月電子通商製の PIC プログラマキット Ver.3 である。Windows パソコンに対応し，PIC マイコンのほぼすべてにプログラムを書き込むことができる。パソコンとのインタフェースは，RS232C を使用す

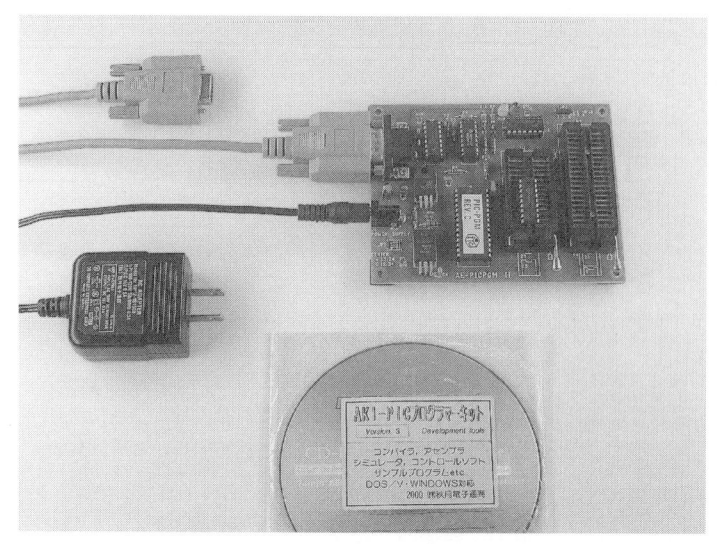

図 7.17　PIC プログラマキット Ver.3

る。図 7.17 に外観を示す。

7.7.2　プログラムの書込み

PIC プログラマキット Ver.3 の付属の CD-ROM から，ライタコントロールソフトをパソコンにインストールし，デスクトップに，このソフト（picpgm）へのショートカットアイコンをつくっておく。

書込み手順は次のようにする。

書込み手順

❶ picpgm へのショートカットアイコンをダブルクリックし，ライタソフトを起動させる。
❷ 図 7.18 の書込み画面 1 が表示されるので，通信ポートボタンをクリックし，通信ポートを COM1 にする。
❸ デバイス設定は PIC16F84A を選択する。

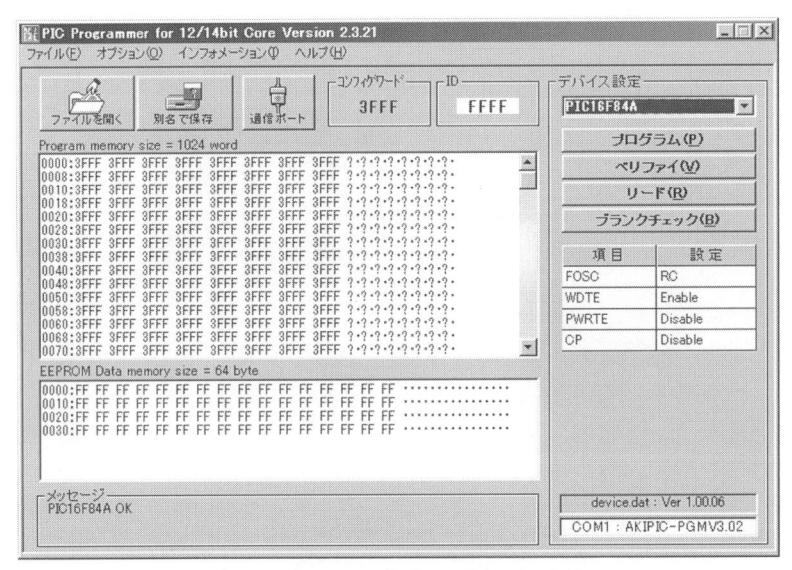

図 7.18　書込み画面 1

❹「ファイルを開く」をクリックすると，図 7.19 のような HEX ファイルが表示されるので，ファイル名を選び，「開く」ボタンをクリックする。
❺ 画面は図 7.20 のように変わり，HEX ファイルの機械語が表示される。
❻「FOSC」は発振モードの選択で，200kHz 以下は LP，4MHz 以下は XT，それ以上は HS モードに，抵抗，容量による発振は RC に設定する。本

図 7.19　HEX ファイルの選択

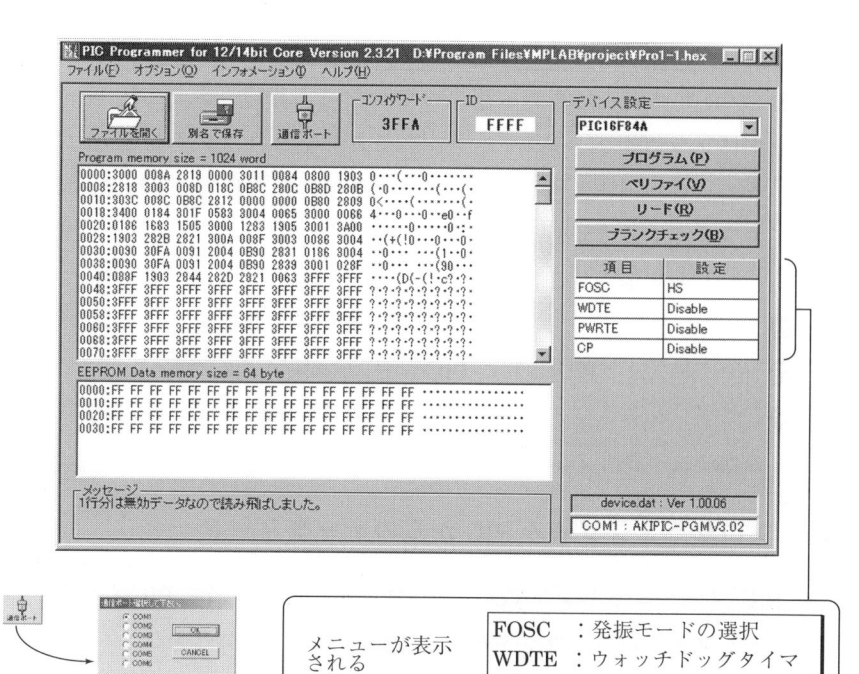

図 7.20 書込み画面 2

書の回路は，10MHz の発振なので，この設定は HS にする。

❼「WDTE」はウォッチドッグタイマの有無の設定で，ここでは Disable にする。

❽「PWRTE」は，電源投入直後に 72ms 間のリセット期間を有効にするか無効にするかを設定する。ここでは Disable，Enable どちらでもよい。

❾「CP」は，コードプロテクトの有無を設定する。ここでは Disable のままにする。

❿ ❻〜❾の設定は，#fuses オプションで指定してあれば，設定が自動選

7.7 PIC ライタによるプログラムの書込み　169

択されるので，あえて設定する必要はない。

⓫「プログラム」は書込み用のコマンドで，指定された PIC マイコンにプログラムを書き込む。「プログラム」をクリックすると，「ブランクチェック」→「書込み」→「ベリファイ」を自動的に実行し，最後に結果を表示する。正しく書込みができると，「プログラミングに成功しました」と表示される。

⓬「ベリファイ」は，正常に書き込めたかをチェックするコマンドである。

⓭「リード」は，指定された PIC マイコンからプログラムを読み出す。

⓮「ブランクチェック」は，指定された PIC マイコンが未消去，未書込みかチェックする。

7.7.3 プログラミング済み PIC からのデータリード

この PIC プログラマキット Ver.3 は，プログラミング済み PIC からのデータをリードし，名前を付けてファイルとして保存することができる。

データリード

❶ PIC をライタにセットする。

❷ 図 7.20 の書込み画面において，「デバイス設定」フレーム内で，使用する PIC を選択する。

❸「リード」ボタンをクリックすると，❶でセットした PIC のデータが読み出される。

❹ 読み出されたデータは，メニューバーから，「ファイル」→「名前を付けて保存」を選択し，指定した project フォルダ内に保存することができる。

付録

付表1　4接点SSR出力&7接点入力回路（回路図：7ページ）

部品	型番	規格等		個数	メーカ	備考
PIC	PIC16F84A			1	マイクロチップテクノロジー	
C-MOS IC	4069			1		
ゼロプレッシャーソケット		24P		1	ARIES	PIC用
ICソケット		14P		1		C-MOS IC用
SSR （ソリッドステートリレー）	P5C-202L	IN：DC4～8V OUT：AC35～ 264V/2A		1	ジェル・システム	D2W102F （日本インター） で代用可
トランジスタ	2SC1815			4	東芝	同等品で代用可
LED		$\phi 5$/赤		4		
ダイオード	1S1588			1	東芝	同等品で代用可
セラロック	CST10.00MTW	10MHz/3本足		1	村田製作所	
抵抗		10k	1/4W	8		
		3k		4		
		100Ω	1/2W	4		
フィルムコンデンサ		0.1μF	250V	4		
電解コンデンサ		22μF	16V	1		
積層セラミックコンデンサ		0.1μF	50V	1		
押しボタンスイッチ	MS-402K	125V/0.5A	黒	1	ミヤマ	同等品で代用可
	形A2A	AC125V/3A/ 黄・赤・青・緑		4	オムロン	同等品で代用可
トグルスイッチ	MS-600	2P		1	ミヤマ	MS-240, 243で代用可
	S-6A	3P×2/125V/20A		1	nikkai	同等品で代用可
出力用端子	T-3025	黒・赤・青・黄・緑・ クリーム・白		2	サトーパーツ	陸式ターミナル で代用可
ミニクリプトンランプ	E17/口金	100/110V/25W		4	東芝	
ミニクリプトン ランプ用ソケット		300V/1A		4	OHNO	
管ヒューズ		3A		2		
ヒューズボックス		250V/10A		2	サトーパーツ	
ユニバーサル基板	ICB-502G			1	サンハヤト	基板の2/3を使用
AC出力コンセント	S-2363	AC125V-15A		2	サトーパーツ	
単三形乾電池		単三形アルカリ		4		
単三形電池ボックス		平4本形		1		
電池プラグケーブル				1		
アクリル板		300×225×5mm		1		
差込みプラグ	WH4415	125V/15A		1	ナショナル	同等品で代用可
その他		平形ビニールコード，ビスナット，リード線，すずめっき線など				

付表2　4接点SSR出力＆7接点入力回路の代用回路（回路図：9ページ）

部品	型番	規格等		個数	メーカ	備考
PIC	PIC16F84A			1	マイクロチップテクノロジー	
C-MOS IC	4069			1		
ICソケット		18P		1		PIC用
		14P		1		C-MOS IC用
LED		φ5/赤		4		
セラロック	CST10.00MTW	10MHz/3本足		1	村田製作所	
抵抗		10k	1/4W	8		
		300Ω		4		
押しボタンスイッチ	MS-402R	125V/0.5A	赤	4	ミヤマ	同等品で代用可
	MS-402K		黒	1		
ユニバーサル基板	ICB-93S			1	サンハヤト	
その他		ビスナット，リード線，すずめっき線など				

付表3　IC化温度センサ回路（回路図：31ページ）

部品	型番	規格等		個数	メーカ	備考
オペアンプ	NJM2904			1	JRC	LM358で代用可
ICソケット		8P		1		オペアンプ用
IC化温度センサ	S-8100B			1	セイコー電子工業	
半固定抵抗	CT-6P	10k	基板用小型	1		同等品で代用可
抵抗		1M	1/4W	1		
		20k		1		
ユニバーサル基板	ICB-88			1	サンハヤト	
その他		2芯シールド線，ビスナット，リード線，すずめっき線など				

付表4　CdSセル回路（回路図：35ページ）

部品	型番	規格等		個数	メーカ	備考
オペアンプ	NJM2904			1	JRC	LM358で代用可
ICソケット		8P		1		オペアンプ用
CdSセル	P1201			1	浜松ホトニクス	同等品で代用可
半固定抵抗	CT-6P	5k	基板用小型	1		同等品で代用可
抵抗		10k	1/4W	1		
		4.7k		1		
ユニバーサル基板	ICB-88			1	サンハヤト	
その他		ビスナット，リード線，すずめっき線など				

付表5　リードスイッチとチャタリング除去回路（回路図：37ページ）

部品	型番	規格等		個数	メーカ	備考
TTL IC	74LS00			1		
IC ソケット		14P		1		TTL IC 用
リードスイッチ		ガラス長 15mm		1	NEC TOKIN	同等品で代用可
ダイオード	1S1588			1	東芝	同等品で代用可
抵抗		3.3k	1/4W	1		
		2.2k		1		
		180Ω		1		
電解コンデンサ		10μF/16V		1		
ユニバーサル基板	ICB-88			1	サンハヤト	
その他		ビスナット，リード線，すずめっき線など				

付表6　音スイッチ回路と単安定マルチバイブレータ（回路図：41ページ）

部品	型番	規格等		個数	メーカ	備考
オペアンプ	NJM2904			1	JRC	LM358 で代用可
C-MOS IC	74HC00			1		
IC ソケット		8P		1		オペアンプ用
		14P		1		C-MOS IC 用
コンデンサマイク		φ10		1		
抵抗		180k	1/4W	1		
		22k		1		
		1.5k		2		
		1k		1		
電解コンデンサ		33μF	16V	1		
		10μF		1		
ユニバーサル基板	ICB-88			1	サンハヤト	
その他		ビスナット，リード線，すずめっき線など				

付表7 簡易回転計の制御回路（回路図：70ページ）

部品	型番	規格等		個数	メーカ	備考
PIC	PIC16F84A			1	マイクロチップテクノロジー	
オペアンプ	NJM2904			1	JRC	LM358で代用可
TTL IC	74LS14			1		
ICソケット		18P		1		PIC用
		8P		1		オペアンプ用
		14P		1		TTL IC用
反射型フォトインタラプタ	EE-SF5			1	オムロン	
7セグメントLED	NKR161	カソードコモン		3	スタンレー	C-551SR（PARA LIGHT）で代用可
セラロック	CST10.00MTW	10MHz/3本足		1	村田製作所	
トランジスタ	2SC1815			3	東芝	同等品で代用可
半固定抵抗	CT-6P	50k	基板用小型	2		同等品で代用可
集合抵抗	898-3-R330	330Ω×8		1		
抵抗		30k	1/4W	1		
		20k		1		
		15k		1		
		10k		4		
		4.7k		1		
		3k		3		
		240Ω		1		
電解コンデンサ		10μF	16V	3		
トグルスイッチ	MS-600	2P		1	ミヤマ	MS240, 243で代用可
ユニバーサル基板	ICB-93S			1	サンハヤト	大きさを加工する
	ICB-88			1	サンハヤト	
単三形ニッケル水素電池		1.2V		4		ダイオード直列で単三乾電池で代用可
単三形電池ボックス		角4本形		1		
電池プラグケーブル				1		
プラスチックケース	SW-125	125×70×40mm		1	タカチ電機工業	同等品で代用可
その他	ビスナット，スペーサ，リード線，すずめっき線など					

付表8 周波数カウンタ回路（回路図：87ページ）

部品	型番	規格等		個数	メーカ	備考
PIC	PIC16F84A			2	マイクロチップテクノロジー	
ICソケット		18P		2		PIC用
液晶表示器	SC1602BS＊B	16文字×2行		1	SUNLIKE	バックライトなし
FET	2SK439			1		同等品で代用可
トランジスタ	2SC3605			1	東芝	同等品で代用可
ダイオード	1S1588			1	東芝	同等品で代用可
セラロック	CST10.00MTW	10MHz/3本足		1	村田製作所	
水晶振動子	HC-49U, HC-49US	10MHz		1	SIWARD	同等品で代用可
半固定抵抗	CT-6P	50k	基板用小型	1		同等品で代用可
		20k		1		同等品で代用可
抵抗		1M		1		
		10k	1/4W	2		
		470Ω		2		
セラミックコンデンサ		0.1μF	50V	2		
		20pF	50V	2		
積層セラミックコンデンサ		0.1μF	50V	1		
電解コンデンサ		22μF	16V	1		
		10μF		1		
トグルスイッチ	MS-600	2P		1	ミヤマ	MS240, 243で代用可
ユニバーサル基板	ICB-93S			1	サンハヤト	大きさを加工する
単三形乾電池		単三形アルカリ		4		
単三形電池ボックス		角4本形		1		
電池プラグケーブル				1		
BNCコネクタ				1		
プラスチックケース		138×88×45mm		1		
その他		単芯シールド線, ビスナット, スペーサ, リード線, すずめっき線など				

付表9 ディジタル温度計の制御回路（回路図：110ページ，125ページ）

部品	型番	規格等		個数	メーカ	備考
■共通部品（7セグメントLED表示/LCD表示）						
PIC	PIC16F873			1	マイクロチップテクノロジー	
オペアンプ	LF356			1	ナショナルセミコンダクタ	同等品で代用可
	NJM2904			1	JRC	LM358で代用可
ICソケット		28P（または14P×2）		1		PIC用
		16P（または8P×2）		1		オペアンプ用
IC化温度センサ	LM35CAZ	−40℃〜110℃測定		1	ナショナルセミコンダクタ	
トランジスタ	2SC1815			1	東芝	同等品で代用可
ダイオード	10E1			1	日本インター	
セラロック	CST10.00MTW	10MHz/3本足		1	村田製作所	
リレー	A5W-OH-K	5V/b接点を使用		1	TAKAMISAWA	小型同等品で代用可
半固定抵抗	CT-6P	5k	基板用小型	1		同等品で代用可
抵抗		240k	1/4W	1		
		36k		1		
		10k		6		
		4.7k		1		
押しボタンスイッチ	MS-402R	125V/0.5A	赤	1	ミヤマ	同等品で代用可
	MS-402K		黒	1		
変圧器	J15022	0-100V，12V，0，12V/0.2A		1	TOEI	0.15Aで代用可
ブリッジダイオード	AM1510	700V/1.5A/丸形		1		W02Gで代用可
三端子レギュレータ	7805	5V出力		1		
	7812	12V出力		1		
	7912	−12V出力		1		
積層セラミックコンデンサ		0.1μF	50V	5		
電解コンデンサ		1000μF	35V	2		
		33μF	25V	3		
2芯シールド線		70cm程度		1		単芯シールド線2本で代用可
ユニバーサル基板	ICB-93S			1	サンハヤト	
差込みプラグ	WH4415	125V/15A		1	ナショナル	同等品で代用可
アルミケース	PL-3	95×60×140mm		1	リード	同等品で代用可
■7セグメントLED表示の部品						
7セグメントLED	NKR161	カソードコモン		4	スタンレー	C-551SR（PARA LIGHT）で代用可
トランジスタ	2SC1815			4	東芝	同等品で代用可
集合抵抗	898-3-R330	330Ω×8		1		
抵抗		3k	1/4W	4		
		680Ω		1		
その他		平形ビニールコード，ゴムブッシュ，ビスナット，スペーサ，リード線，すずめっき線など				
■LCD表示の部品						
液晶表示器	SC2004CS*B	20文字×4行		1	SUNLIKE	バックライトなし
抵抗		15k	1/4W	1		
		2k		1		
その他		平形ビニールコード，ゴムブッシュ，ビスナット，スペーサ，リード線，すずめっき線など				

付表10 ライントレーサの制御回路（回路図：142 ページ）

部品	型番	規格等		個数	メーカ	備考
PIC	PIC16F873			1	マイクロチップテクノロジー	
TTL IC	74LS14			1		
IC ソケット		28P(または 14P×2)		1		PIC 用
		14P		1		TTL IC 用
FET	2SK2231			2	東芝	
ダイオード	10E1			4	日本インター	
セラロック	CST10.00MTW	10MHz/3 本足		1	村田製作所	
反射型フォトインタラプタ	EE-SF5			2	オムロン	
5V 低損失レギュレータ	2930L05	5V 出力		1	JRC	78L05 で代用可
LED		φ5/赤		2		
半固定抵抗	CT-6P	50k	基板用小型	2		同等品で代用可
		20k		1		同等品で代用可
抵抗		10k	1/4W	4		
		8.2k		2		
		4.7k		1		
		3k		2		
		330Ω		2		
セラミックコンデンサ		0.01μF	50V	2		
積層セラミックコンデンサ		0.1μF	50V	1		
電解コンデンサ		33μF	16V	2		
トグルスイッチ	MS-600	3P×2		1	ミヤマ	MS242,245 で代用可
コネクタ		6P	基板用	1	モレックス	同等品で代用可
コネクタソケット			ケーブル用（ピンを含む）	1		
ユニバーサル基板	ICB-93S			1	サンハヤト	
単三形ニッケル水素電池		1.2V		3		単三形乾電池で代用可
9V 乾電池	006P	アルカリ乾電池		1		
単三形電池ボックス		平3本形		1		
電池プラグケーブル				2		
006P 電池ホルダ				1		
キャスタ		小形プラスチックキャスタ		1		25mm 径
シャーシ		ユニバーサルプレート		1	タミヤ	
タイヤ		スポーツタイヤセット		1	タミヤ	56mm 径
モータギヤセット		ツインモータギヤボックス		1	タミヤ	
フォトインタラプタ用台				1		アルミ自作
その他		ビスナット，スペーサ（12mm×4），リード線，すずめっき線など				

付録　　　　　　参 考 文 献

1) 後閑哲也：C言語によるPICプログラミング入門，技術評論社
2) 後閑哲也：たのしくできるPIC電子工作，東京電機大学出版局
3) 鈴木美朗志：絵ときポケコン制御実習，オーム社
4) 鈴木美朗志，小栁栄次：絵とき電子機械早わかり，オーム社
5) 鈴木美朗志：たのしくできるセンサ回路と制御実験，東京電機大学出版局
6) 鈴木美朗志：たのしくできるPCメカトロ制御実験，東京電機大学出版局
7) 鈴木美朗志：たのしくできるC&PIC制御実験，東京電機大学出版局

付録　本書で扱った各種の部品や装置の入手先

● 日本ユースウェア㈱（プログラム書込み済 PIC と部品セット）

　本書で使用したすべての部品とプログラム書込み済みの PIC が入手可能です。

　　〒 221-0835　横浜市神奈川区鶴屋町 2-9-7

　　TEL・FAX：045-312-4743

　　http://homepage3.nifty.com/nihon_useware/

● マイクロチップ・テクノロジー・ジャパン㈱

　　〒 222-0033　横浜市港北区新横浜 3-18-20　BENEX S-1（6 F）

　　TEL：045-471-6166，FAX：045-471-6122

　　http://www.microchip.co.jp

● ㈱秋月電子通商

　　秋葉原店　　　〒 101-0021　東京都千代田区神田 1-8-3　野水ビル 1 F

　　　　　　　　　TEL：03-3251-1779

　　　　　　　　　FAX：03-2351-3357

　　川口通販センター　〒 334-0063　埼玉県川口市東本郷 252

　　　　　　　　　TEL：048-287-6611

　　　　　　　　　FAX：048-287-6612

　　http://akizukidenshi.com/

● ㈱アイ・ピイ・アイ

　　〒 305-0035　茨城県つくば市松代 3-19-4

　　TEL：0298-50-3113，FAX：0298-50-3114

　　http://www.ipic.co.jp

　　オンラインショップ　http://www.ipishop.com/

索 引

【ア行】
ウォッチドッグタイマ　12

液晶表示器　90

オシレータモード　12
音スイッチ回路　39
オールタネイト回路　24

【カ行】
開発モード　156
簡易回転計　66

擬似命令　12

クロック回路　89

ゲート信号発生回路　89

コンパレータ　30

【サ行】
三端子レギュレータ　89, 112

シーケンス制御　4
シフト演算子　19
周波数カウンタ回路　86
シュミットトリガ　72

シュミットトリガ回路　37, 145
衝撃検知回路　61
初期化　94
進相用コンデンサ　20

水晶振動子　89

積分回路　37
節電用電球点灯回路　58
セラロック　89

【タ行】
ダイナミック点灯制御　75
タイマ0　76
ダーリントン接続　145
単安定マルチバイブレータ　40

チャタリング　37

ディジタル温度計　109
定電圧電源回路　89, 112
低電圧プログラミング指定ポート　121
デューティ　143
電圧増幅度　39
電界効果トランジスタ　89
点灯移動回路　15

【ナ行】
入出力ピン制御関数　13
入力増幅回路　89

【ハ行】
パワー MOS FET　144
パワーアップタイマ　12
反射型フォトインタラプタ　71
反転増幅回路　72

比較基準電圧　32
非反転増幅回路　39, 112

フラッシュプログラムメモリ　3
プリスケーラ　76, 151
プログラマブルコントローラ　4

防犯装置　61

【マ行】
マイクロコントローラ　2

無限ループ　14

【ラ行】
ライントレーサ　139

リードスイッチ　36
リバーシブルモータ　20

論理積　28

【ワ行】
ワンチップマイコン　1

【英数字】
A-D コンバータ　109

C-551SR　74
CCS-C　154
CdS 光導電セル　32
CdS セル　32

EE-SF5　141

FET　89

HEX ファイル　168

IC 化温度センサ　29
IC 化温度センサ回路　30

LCD　90
Lcd 制御ライブラリ　97
LM35　112
LM35CAZ　109, 112
LM35DZ　112

MPLAB　153

NKR161　74

ON-OFF 温度制御　48
ON-OFF 制御　6

PIC　1
PIC16F84A　2
PIC16F873　106, 139
project フォルダ　155
PWM　143

RISC 3

S-8100B 29
SC1602BS＊B 90

2930L05 143
2SC3605 89
2SK439 89
2進表示 26

4接点SSR出力&7接点入力回路 6

74LS14 145
7805 112
7812 112
78L05 89
7912 112
7セグメントLED 74

〈著者紹介〉

鈴木　美朗志（すずき　みおし）
　学　歴　関東学院大学工学部第二部電気工学科卒業（1969）
　　　　　日本大学大学院理工学研究科電気工学専攻修士課程修了（1978）
　現　在　横須賀市立横須賀総合高等学校定時制教諭

たのしくできる
C&PIC 実用回路

2004年9月20日　第1版1刷発行	著　者　鈴木美朗志
	発行所　学校法人　東京電機大学 　　　　東京電機大学出版局 　　　　代　表　者　加藤康太郎 　　　　〒101-8457 　　　　東京都千代田区神田錦町2-2 　　　　振替口座　00160-5-71715 　　　　電話　(03)5280-3433（営業） 　　　　　　　(03)5280-3422（編集）
印刷　新日本印刷㈱ 製本　渡辺製本㈱ 装丁　高橋壮一	ⓒ Suzuki Mioshi　2004 Printed in Japan

＊無断で転載することを禁じます。
＊落丁・乱丁本はお取替えいたします。

ISBN 4-501-53780-9 C3004

MPU関連図書

PICアセンブラ入門
浅川毅 著　　A5判　184頁

マイコンとPIC16F84／マイコンでのデータの扱い／アセンブラ言語／基本プログラムの作成／応用プログラムの作成／マイクロマウスのプログラム

H8アセンブラ入門
浅川毅・堀桂太郎 共著　　A5判　224頁

マイコンとH8/300Hシリーズ／マイコンでのデータの扱い／アセンブラ言語／基本プログラムの作成／応用プログラムの作成／プログラム開発ソフトの利用

H8マイコン入門
堀桂太郎 著　　A5判　208頁

マイコン制御の基礎／H8マイコンとは／マイコンでのデータ表現／H8/3048Fマイコンの基礎／アセンブラ言語による実習／C言語による実習／H8命令セット一覧／マイコンなどの入手先

H8ビギナーズガイド
白土義男 著　　B5変判　248頁

D/AとA/Dの同時変換／ITUの同期／PWMモードでノンオーバーラップ3相パルスの生成／SCIによるシリアルデータ送信／DMACで4相パルス生成／サイン波と三角波の生成

たのしくできる PIC電子工作　－CD-ROM付－
後閑哲也 著　　A5判　202頁

PICって？／PICの使い方／まず動かしてみよう／電子ルーレットゲーム／光線銃による早撃ちゲーム／超音波距離計／リモコン月面走行車／周波数カウンタ／入出力ピンの使い方

CによるPIC活用ブック
高田直人 著　　B5判　344頁

マイコンの基礎知識／Cコンパイラ／プログラム開発環境の準備／実験用マイコンボードの製作／C言語によるPICプログラミングの基礎／PICマイコン制御の基礎演習／PICマイコンの応用事例

たのしくできる C&PIC制御実験
鈴木美朗志 著　　A5判　208頁

ステッピングモータの制御／センサ回路を利用した実用装置／単相誘導モータの制御／ベルトコンベヤの制御／割込み実験／7セグメントLEDの点灯制御／自走三輪車／CコンパイラとPICライタ

たのしくできる PICプログラミングと制御実験
鈴木美朗志 著　　A5判　244頁

DCモータの制御／単相誘導モータの制御／ステッピングモータの制御／センサ回路を利用した実用回路／7セグメントLED点灯制御／割込み実験／MPLABとPICライタ／ポケコンによるPIC制御

図解 Z80マイコン応用システム入門　ソフト編　第2版
柏谷・佐野・中村 共著　　A5判　258頁

マイコンとは／マイコンおけるデータ表現／マイコンの基本構成と動作／Z80MPUの概要／Z80のアセンブラ／Z80の命令／プログラム開発／プログラム開発手順／Z80命令一覧表

図解 Z80マイコン応用システム入門　ハード編　第2版
柏谷・佐野・中村・若島 共著　　A5判　276頁

Z80MPU／MPU周辺回路の設計／メモリ／I/Oインタフェース／パラレルデータ転送／シリアルデータ転送／割込み／マイコン応用システム／システム開発

＊定価、図書目録のお問い合わせ・ご要望は出版局までお願いいたします。
URL　http://www.tdupress.jp/